温暖 让心灵去旅行

青春励志系列

陈志宏◎编著

延边大学出版社

图书在版编目（CIP）数据

温暖：让心灵去旅行/陈志宏编著.—延吉：延边大学出版社，2012.6（2021.10 重印）

（青春励志）

ISBN 978-7-5634-4874-6

Ⅰ.①温… Ⅱ.①陈… Ⅲ.①人生哲学—青年读物 Ⅳ.① B821-49

中国版本图书馆 CIP 数据核字 (2012) 第 115487 号

温暖：让心灵去旅行

编　　著：陈志宏
责任编辑：林景浩
封面设计：映像视觉
出版发行：延边大学出版社
社　　址：吉林省延吉市公园路 977 号　邮编：133002
电　　话：0433-2732435　传真：0433-2732434
网　　址：http://www.ydcbs.com
印　　刷：三河市同力彩印有限公司
开　　本：16K　165 毫米 ×230 毫米
印　　张：12 印张
字　　数：200 千字
版　　次：2012 年 6 月第 1 版
印　　次：2021 年 10 月第 3 次印刷
书　　号：ISBN 978-7-5634-4874-6
定　　价：38.00 元

版权所有　侵权必究　印装有误　随时调换

PREFACE

前 言

你是否总是感叹于世界太无奈？你是否总是埋怨人生多悲哀？你是否总是觉得生活中挫折太多，前途太远？你是否总是感觉活得好累，好烦？……

如果你正在这样抱怨不休，请停下来，其实你的一切不快都来源于你禁锢的心灵。如果能够敞开心扉，让心灵自由自在地去翱翔、去旅行，沿途的微风、细雨、阳光就会温暖我们曾经冰封的心，给我们的心灵带来温暖与感动，让心灵充分享受人间的一切美好，品味人生的所有滋味。

事实上，生命原本是很美好、很可爱的，只是我们疲于奔波，忽略了路边的风景，忽略了生命中那些温暖而美好的事情，故而看不清路途的方向。从今天开始，不妨善待自己，善待生命，善待你周围的一切，让心灵去旅行，向着命运挑战，向着希望追赶……很快，你就会发现：人生原来也能够如此美好。

此书，精心筛选了数十篇富有生命色彩的经典名篇，涵盖勇气与智慧、坚强与决心、爱与宽恕、积极与乐观等方面内容，帮助我们的心灵踏上轻松之旅。

让我们一起静下心来，冥想着我们已经拥有的一切美好事物……人生就像一场旅行，不必在乎目的地，在乎的是沿途的风景以及看风景的心情！生活或许纷繁，或许充满磨难，但我们不该轻易把自己当成是经历世事沧桑的人，而是努力把自己保持在天真纯洁的年代当中；生命也许脆弱，但目光不会停滞，心灵会永远飞翔。不用再犹豫，让心灵去旅行……

目录

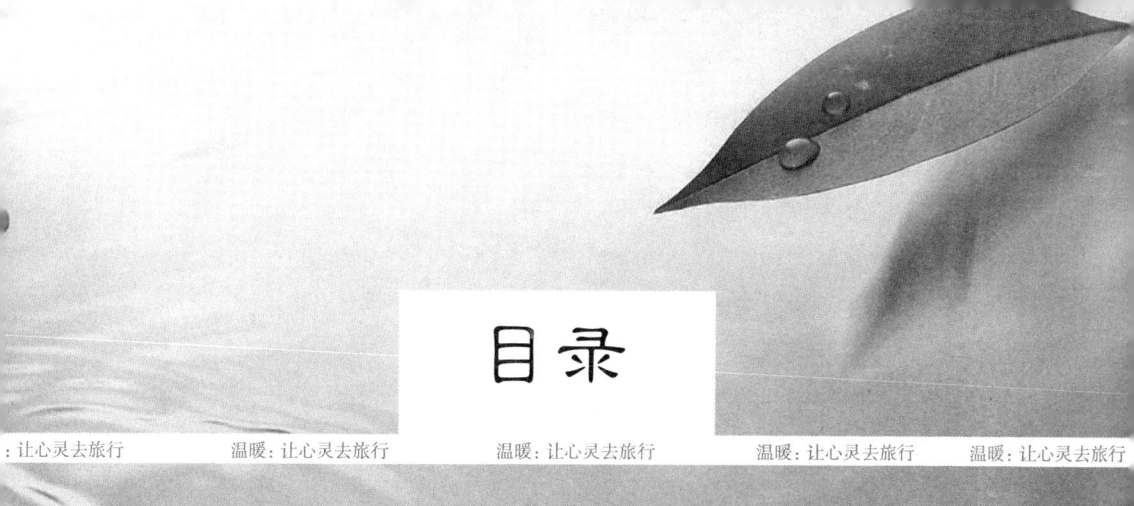

第一篇 麦子是一首诗

我的祖母	2
割不断的亲情	4
大舅	8
想家	12
我得活着跟你做伴	13
有哥哥的日子	17
我的二姐	20
为后母求情	24
老爸，我爱你	26
父亲是我的致命武器	28
牵着母亲的手过马路	32
吾爱吾儿	33
用对孩子的宠爱对待母亲	35
父亲的"秘密"	36
一块蛋糕	38
爸，我改	39

给家里打电话的那八句话	42
给妹妹的信	43
那难道是谋生的办法吗	46

第二篇　童年的那双眼睛

旧友的水酒	50
同桌的笑脸	51
沉默是金	53
网虫奇缘	54
睡在我下铺的兄弟	58
童年的那双眼睛	60
我的俄罗斯朋友	65
同桌的你	71

第三篇　谁听见蝴蝶的歌唱

23条红头巾	74
茉莉橘子	77
遭遇现实的枷锁	79
谁听见蝴蝶的歌唱	82
长发不再，爱情依然	85
无情的误解	87
一碗馄饨的情谊	93
爱的示意	97
真爱就像茉莉	100

爱的痛苦	101
神秘的抽屉	104
一夫难读	105
爱情中的"平等"	106
在她身边,我很累,但离开她,我会心痛	107
原来他也在这里	109
香菇中的爱	114
爱的萌芽无处不在	116
爱,就是"我愿意"	117
烛光中的爱情	120
清贫的爱经不起诱惑	121
从未开封的情书	126

第四篇　在爱里慢慢成长

良师	130
老师窗内的灯光	131
盲点	135
让我们再看你一眼	137
一颗奶油太妃糖	141
天使的翅膀	142
在爱里慢慢成长	144
牵心的眷恋	147
今年流行黄裙子	150
纯纯的师生情	156
父母的生日	158

第五篇 灵魂深处的握手

最后的常春藤叶	162
生活对爱的最高奖赏	164
陌生人的善意	166
城市里的牵牛花	168
认同的力量	169
灵魂深处的握手	170
不曾遗忘	172
温暖	174
爸爸，你快回来吧	176
那束紫丁香	177
误会	179
奉献与得到同样快乐	180
陌生人的牵挂	182

第一篇

麦子是一首诗

没有"白头生死鸳鸯浦"的轰轰烈烈，却也使"夕阳无语为之动"；没有"在天愿作比翼鸟，在地愿为连理枝"的海誓山盟，却也是"天长地久有时尽，血脉相连无绝期"的亘古永恒；没有"身似门前双柳树，枝枝叶叶不相离"的长相守，却有"但愿人长久，千里共婵娟"的默默祝愿……飘落的雪花带不走凝固的记忆，穿越时空的凝重进入不会老去的岁月，蓓蕾般地默默等待，夕阳般地恋恋不舍，在心的远景里，在灵魂深处折射出两个字——"亲情"。

我的祖母

我永远忘不了1999年2月25日晚上9点多钟，我那爱我疼我、操劳了一辈子却来不及享福的奶奶离我而去了。我痛苦极了，往事一幕幕地呈现在我的眼前……

我出生在一个普通的工人家庭，由于爸爸妈妈工作忙，我是由奶奶一手带大的。从我记事起，我就一直跟在奶奶的身边，不管是白天，还是黑夜，我都"黏"着奶奶。记得我8岁那年，奶奶到姑姑家去了，我只好跟着妈妈睡，睡到半夜，我哭着要去找奶奶，妈妈好不容易才哄我睡着了。以后，凡是奶奶去哪，我就跟到哪，堂哥堂姐都叫我是"跟屁虫"。

奶奶疼我，从来没有打骂过我。有什么好吃的东西，她自己舍不得吃，都分给了我和堂哥堂姐们吃。奶奶从来不乱花一分钱，每次出去，她宁可不买自己喜欢吃的花生，也要省下钱来买我最喜欢的凉粉、糖果。我也很乖巧，每次家里买了鸡，我总是把那两只鸡腿夹给奶奶吃，奶奶总是笑得合不拢嘴。读小学六年级时，我身体很虚弱，经常头昏、头痛，看了很多医生也看不好。后来，奶奶听人说有一种草药，和母鸡一起熬汤能治好我这病。于是她不辞劳苦，跑了很多地方才买到这种草药，还狠了狠心，把家里养了几年的、正下蛋的老母鸡给杀了，为的是给我治病。

吃了这剂药，我的病好多了，但是这种草药又贵又难找，奶奶索性托人一下子买了几百块钱的药，经常熬给我吃。而她自己，有病也不舍得花钱看医生，总是说，慢慢会好的，有时候不舒服也不肯告诉家里人。

1996年的一天早上，平时早早起床做早餐给我吃的奶奶突然间瘫在了床上，这可吓坏了我们全家人。经过医生的诊断，是坐骨神经痛和腰椎间盘突出。爸爸请了很多医生给奶奶看病，还特地买了一台电疗仪。看着奶奶一天天的好起来，我心里甭提有多高兴了。那时候我正读初中三年级，由于功课忙，天天很晚才睡，而且也睡得很死，甚至连奶奶的呻吟声也没听到。一天半夜，我起来上厕所，忽然听到奶奶痛苦的呻吟声，我忙问奶奶哪里不舒服，可她硬说没事，让我好好睡。我要叫隔壁房间的爸爸来，奶奶赶忙拦住我说："别叫醒你爸，让他多睡会儿吧，我没事。"

1997年7月，我以优异的成绩考入广州市幼儿师范。对于一个娇生惯养的独生女来说，要我离开家几百公里去异地求学，是多么艰难的事啊。临走时，奶奶只说了简单的几句话："阿苑，要注意身体，好好学习。"从未离开过家、离开过奶奶的我，在广州幼师没有辜负奶奶的期望，不但学习成绩优秀，还当上了学校团委的组织部长。1998年春节回家，当我把奖状和发表的作品拿给奶奶看时，奶奶欣慰地笑了。

但想不到，这个春节竟是我和奶奶一起过的最后一个春节。

1998年暑假我回到家，发现奶奶比以前更加消瘦了，在妈妈的陪同下，奶奶去医院作了检查，结果是患了糖尿病。奶奶吃了一些药，病情有了好转后，她就瞒着爸妈停止了服药。回校后，我每个星期都会打电话回家询问奶奶的病情，她总是说，我很好，孩子别担心，安心读书吧。从1998年10月起，我打电话回家时，奶奶接电话时的声音总是很小很小。开始我以为奶奶感冒了，但后来奶奶接电话的次数也越来越少了，爸爸妈妈骗我说奶奶出去散步了，但我好像有什么预感。有一次，妈妈接电话后我硬是要奶奶来听电话，妈妈才说奶奶的腿行动不方便，两年前的病又复发了。一直到1999年1月22日，我早上刚刚考完期末测试，班主任就告诉我：你奶奶住院了！老师的话犹如晴天霹雳，我一时六神无主，因为不是特别严重，奶奶是无论如何也不肯住院的。我很担心奶奶，控制不住自己的情绪，哭着向校长请了假。当我23日凌晨赶到家时，奶奶刚好醒来，她吃力地睁开眼睛，艰难地说："阿苑，你回来了。"说完又昏睡过去。我强忍着泪水，坐在床前陪着奶奶。原来，奶奶这样子已经一个多月了，她很想见我，却又不让妈妈告诉我，怕影响我的学习。妈妈说，一个月了，奶奶每天以粥汤维持生命，为的就是要等我回来，见我最后一面。她最放心不下的就是我，有时梦里都叫我的名字。我喂奶奶喝了几口肉汁，望着奶奶瘦削得没有一丝血色的脸和手脚，心里说不出的难过。

她又这样昏睡了两天，就与世长辞了，再也没有和我说上一句话……

如今，我已踏上了工作岗位，在异地他乡的我，除了想念家乡的亲人外，念念不忘的就是过世的奶奶。原想着出来工作后让奶奶享享清福，而奶奶却过早地离我而去。

心灵感悟

时光如水，年华易逝，似水流年淡去我们多少回忆，却始终不改对祖母的绵绵思念。莺归燕去，春去秋来，容颜渐老，白发似雪。儿女在一天天长大，祖母却在一天天衰老。当儿女望见高堂之上的白发亲娘，他们都会投入母亲怀抱，热泪涟涟！而对于祖母来说，当孙儿长大成人后，祖母早已老态龙钟，又有多少时日等待孙儿的孝敬呢！在祖母有生之年多付出些关怀与爱吧！不要等到人已去，空悲切！

割不断的亲情

10岁，我成了孤儿

1991年，我出生在美国怀俄明州的一个小小农庄中。孩提时代，父亲便告诉我：我的母亲是个坏女人，在我降生一年后她便抛夫弃子，远走他乡，她是我们父女俩的叛徒。

怀俄明州位于中西部山区，那里土地贫瘠，生活艰辛。我的父亲是一个苦行僧般的人，他性格倔强，不苟言笑，仿佛生来就与人世间的任何快乐无缘。父亲中年刚过，可看起来却比实际年龄苍老得多。我认为这一切都是因为母亲的出走带来的。于是，从懂事起，我便恨母亲，恨这个在我的记忆中未留下任何印象的坏女人。我常常想着有朝一日能与母亲面对面相遇，我希望那时候，她苍老而贫苦，我则年轻而富有，她向我乞讨，而我却假装不认识她，我这样做是要报复她，要以"其人之道还治其人之身"！

我从未想到，父亲会在2001年那个冬天因心脏病突发弃我而去，当时我才10岁。邻居巴弗顿先生说："哈罗德到死都是一个不快乐的人。"这一句话可作为我父亲的墓志铭，它非常适合父亲那郁郁寡欢的一生。

一个自称是我母亲的女人

葬礼结束后，牧师将我带进他的书房，书房里有一个女人在那儿等着。"玛丽琳，"牧师将手放在我的肩上说，"这是你母亲。"我猛地退后一步，假如不是牧师抓着我的肩，我想我一定会从窗户跳出去的！

那个女人向我伸出手，声音颤抖："玛丽琳、玛丽琳……"

我冷冷地望着她，心里真想对她痛斥：在我人生的第一个10年里你在哪里？在我年幼最需要你时你又在哪里？可最后我却只是说："我猜想你现在是为农庄而来的吧？"

"不，我恨农庄，我早就舍弃它了。"她摇摇头说。

"是的，你也舍弃了我，舍弃了父亲！"我朝她喊道，怨恨如火山般爆发："你是一个坏女人，爸爸一直就告诉我你是一个坏女人！"

她哭了起来，牧师轻轻地拍了拍我，"玛丽琳，也许你的父亲并未告诉你一切，你慢慢会知道的。这次，你母亲是来照料你的，她现在是你唯一的亲人。"

"不！"我大声叫道，"我不想跟她在一起，如果让她留在农庄，我的父亲会死不瞑目的！""我不会留在农庄，"那个女人说，"玛丽琳，我要带你到城里去。"城市，我从未去过城市，那庞大的陌生的城市令我恐惧。我哭了起来："我不想到城里去！我要一个人待在农庄！"

"仅仅一个冬天，"那个陌生女人哀求道，"如果你不满意，我保证不再留你。"牧师也说："如果你与你母亲待不下去，你可以再回到怀俄明来，你可以在我们家生活。"

我相信牧师，他的话使我感到了希望。迟疑片刻后，我同意跟这个自称是我母亲的人走。我们坐了一个多小时的飞机，又上了一辆计程车。终于，计程车在一幢红砖房子前停下。

那女人将我带上三楼的一套房子。我不得不承认，这房子比我在怀俄明的家要豪华气派得多。她带我走进卧室，我看到的是粉红色的窗帘和印花床罩，我禁不住伸出手摸了摸，的确很柔软、很舒服。

她马上问道："你喜欢这些吗？"

我赶紧将手缩回，生硬地说："我对这些没兴趣。"

她没再说什么，只是问我是否累了，想不想上床睡觉。我早就精疲力竭了，心想如果我能睡过这整个冬天，一觉醒来就到春天了，那该多好啊！那我就不用跟这个讨厌的女人相处而可以直接回怀俄明了。我倒头就睡，醒来时已是翌日清晨。

我跟着她进了厨房，她将早餐放在我面前。尽管我饿极了，但却不想让她知道，我只是吸了一小口橘子汁，其实我心里想的是把它一饮而尽。早餐味道美极了，但我不能告诉她我喜欢吃她烹制的食品。

结果，早餐之后我依然和早餐前一样饥饿。她去商店购物时，我冲进厨房，找出一盒蛋糕，狼吞虎咽地将它们一扫而光。

不久，她从超市归来，带着满满一袋东西。她一边将物品从包中取出，一边说："这是鱼片，我想你也许会喜欢，还有椰子蛋糕和巧克力蛋糕，我不知道你喜欢哪一种，所以两种我都买了……"听到这话，我心里一阵酸楚，脱口说道："你要真是我母亲，从小一直与我生活在一起，就不会不知道我喜欢哪一种了！"

说完，我跑进卧室里，趴在床上抽泣起来。她走了进来，坐在床边，她的手在我肩上轻轻抚摸，声音嘶哑地说道："我知道，我的确对不起你，但……难道你不想了解为什么吗？你的父亲是个好人，"她接着说，我能感到她在小心挑选合适的词语，"可是他的生活方式与我的不同，我们性格完全不合，他严肃死板，而我活泼浪漫……当时，我太年轻，于是我就走了。可随后我便后悔了，我觉得我不能抛下你，我乞求你父亲让我回去和你生活在一起，可你父亲是个性格非常倔强的人，他对我说：'既然你已作了选择，那就永远不得再回来！'"

"我不相信你！"我坐起身，"你是我母亲，难道你没有自己的权利吗？"

她摇摇头："是我离开了你和你父亲，我当时又没钱请律师。他曾告诉我，如果我诉诸法律，他将让法庭宣布剥夺我做母亲的权利。"

爱与亲情重新复归

"假如你回来，或者你写封悔过的信，也许他会改变主意。"我冷冷地说。

她一言不发，将一个纸盒子放在我身旁，然后捂着脸走出了房间。我打开盒盖，里面装着一大摞用橡皮筋束着的信件，我拿出信看了起来，一些年代比较远的信是写给我父亲的，一些近几年的信则是写给我的，但所有的信封上都盖着：退回寄信人。

当她再次走进屋时，我问道："为什么父亲没告诉我这些？""因为他恨我，"她平静地说，"他是一个固执的人，他永远都不想原谅我，可是，玛丽琳——我的女儿，你能原谅我吗？甚至……能爱我吗？"

"我不知道……"我结结巴巴地说，"我不知道。"在我心里，我觉得有一个声音在说"是",可要想在一瞬间就将这么多年来在我心底里产生的恨抹掉也并不是件容易的事。

后来,我知道了她是一位美容师,"难怪你这么漂亮。"我艳羡地说。

"我哪有我的女儿美呢。"她说道,"让我给你打扮打扮吧。"

我向后退了退,"一个人的外表并不重要,"我僵硬地说,"重要的是他的内心。"

"这话听起来好熟悉,"她平静地说,"自然,宝贝,你的父亲是对的,内心是重要的,可一个人外表美丽也不是罪过呀。"

我听到了一个词"宝贝",我的心怦怦在跳,在此之前,从来没人这样叫我。我感到自己内心深处正在发生某种微妙变化。

随着时间的推移,她与我之间的信任和爱也在慢慢滋长,在这个冬天,她正在创造一个奇迹,一个使我需要她、她也真正需要我的奇迹。

母亲在为我改变发型后,又为我买来了许多漂亮的服装。一天,她给我试衣时说:"玛丽琳,你喜欢这条裙子吗?"

"当然,"我说道,"我从没有穿过这么漂亮的裙子。"

突然,我看见母亲先前还笑吟吟的脸上霎时改变了颜色,她呜咽起来:"我的可怜的宝贝,我都对你做了些什么?10年来我竟然未能给你买过一件衣服!"

我蹲在她身旁,第一次拥抱着母亲:"妈妈,没关系,真的没关系。"她倏地直起身来:"你叫我妈妈了?你真的叫我妈妈了!"

"是的,是的,"我激动地说,"你是我妈妈,不是吗?"

她泪雨滂沱,大哭起来,我也哭了起来,然后我们两人又开始破涕为笑,紧紧地拥抱在一起。

我曾害怕春天的到来,我害怕作出抉择。因为我想我已经学会了爱母亲,可我仍然为自己违背了父亲多年的教诲而感到内疚自责。最后,还是母亲救了我。她对我说:"你的父亲并不是一个坏人,玛丽琳,他只是一个不快乐的人,如果那时我年龄大一点,或者成熟一点,也许能让他快乐起来,可我却不知道怎么做,于是便当了这个围城的逃兵。可我不能再对你这样做,难道你不想让我为你尽一个母亲的职责吗?"

我瞧着母亲,觉得自己突然长大了,我懂得了爱有时就是一种原谅。"我愿意和你待在一起。"我喃喃道。

母亲紧紧地拥着我，我知道横亘在我俩之间的那块坚冰已经融化，那种仇恨已经消失，爱与亲情又重临世间。

心灵感悟

总有一种感情不会被时间割断，总有一种感情能融化所有的误会，总有一种感情充满了温暖的味道。这种感情就叫亲情。

每个人都成长在浓郁的母爱之中，不管它在身边，还是远在天边，这种爱丰富了我们每个人内心的情感。母爱就像满天的繁星，星星点点，映照着我们每个人的心田。

大舅

从她记事时起，大舅就好像不是这个家的人。记得第一次看见他的时候，他刚被收容所送回了家，和街上的叫花子没有多大的区别。外婆在屋里大声地骂，他蹲在一旁小声地哭，像受伤的小动物。那么冷的天，身上只有一件破破烂烂的单衣。门口围了一群好看热闹的邻居，对着他指指点点。

不多久外公回来，一见他这样子，就跑到门背后去拖了一根扁担出来，劈头盖脸地向他打去。他"嗷嗷"地叫着，却不敢躲闪。爸爸冲上去抢外公手里的扁担，他跪在地上含糊而大声地叫着，仔细地听，是在叫"爸爸我错了"。后来她知道，那是她大舅，小时候生病把脑子给烧坏了，是个傻子。

外公那时在外面当包工头，还是有些关系和财力的。没多久，就将大舅弄到了养路段，反正是纯体力劳动，傻子也能干得下来。

大舅于是常常回家来，手里拎着单位发的东西，有时是油，有时是水果，有时是肉。巴巴地送到外婆面前，却还是常常被骂一顿。她当时年纪小，觉得外婆一定是大舅的后妈，否则怎会如此待他。直到成年，她才知道，亲人之间也有世态炎凉。

大舅待她也是极好的，每次回家总不忘给她带上些好吃的：糖葫芦、棉花糖、大苹果，开始她很高兴，但年纪慢慢大了，她也就不太稀罕这些小玩意了，也开始像家里的其他人一样，冷眉冷眼地对他。一年年地过去，大舅一直是家里可有可无的编外成员，没人心疼注意他，都希望离他远远的，免得给自己找麻烦。

那年的冬天好冷。年前，外公去世了。

刚从殡仪馆出来，全家人就聚在一起讨论财产问题。外公的骨灰盒静静地放在一边，上面是他的遗像，冷冷地注视着这一群被称为儿女的人。妈妈和爸爸在外地，没能赶回来。看着那些争得面红耳赤的容颜，她突然觉得好陌生、好可怕。

就在战争已经进行到白热化，几乎要诉诸武力的时候，一旁突然传来了撕心裂肺的号哭声。房间静了下来，她看见，大舅正跪在外公的骨灰盒前，号啕大哭，就像多年前第一次看见他跪着说"爸爸我错了"一样。忽然，她的眼眶就热了。父母长年在外，她一个人待在这个并不温暖的大家里，不是不觉得寂寞的，只是她已经学会用疏离和冷漠来包裹自己。这一刻，她突然意识到，这个家里，还有一个比自己更孤独更缺少关爱的人。他也是她的一个亲人。

没多久，父母回来了。妈妈脸色蜡黄，一见到外公的遗像就昏了过去。在医院里，她听见医生和爸爸的谈话，知道妈妈得了绝症。家里存折上的数字哗哗地往下掉，妈妈却一天比一天虚弱。她天天陪在妈妈身边，那幢大房子里的亲人，仅仅礼节性地来过一次。只有大舅，常常会下班后过来，一声不吭地坐在旁边陪着她们。

家里的财产之争还在进行。而她们这里，却等着那笔钱救命。爸爸每天四处求人，希望他们能够快点达成协议，或者先支一部分钱出来给妈妈治病。但得到的都是模棱两可的回答，谁都说做不了这个主。他们像推皮球一样，将爸爸推来推去。最终，协议还是达成了。大舅是傻子，而她家急需用钱，不可避免地，他们得到了最少的一部分，因为算准了他们不会再闹。那是一幢位于城郊的年久失修的房子。那天，她听见爸爸在和大舅商量，说要将房子卖了换成钱，一人一半。家里的钱已经用得干干净净了，而医院那边却似一个无底洞。大舅傻傻地笑着，含糊地答应道："好！"她在屋里轻轻地舒了一口气。

房子终于卖掉了。爸爸当着大舅的面，把钱数成两份，用报纸包着，将其中的一包递给了大舅，然后揣着另一包急急地带着她往医院赶。刚走出楼道口，就听见后面有脚步声追来，还有含糊不清地叫她名字的声音。她一惊，心头一冷，医院已经下了最后通牒：再不交钱就要停妈妈的药了。她扭头看爸爸，也是面如死灰。

大舅跌跌撞撞地跑到他们面前，不由分说地将自己的那包钱塞到了爸爸怀里，嘴里含糊地说道："先、先治、治病。"爸爸一下子呆住了，这么多天来，面对的都是一张张冷冰冰的脸，何曾想到，最危急的时候，伸出援手的，竟是这个傻子。爸爸哽咽着接过钱，正准备说些什么，大舅却又转身蹒跚着走了回去。她看见，常年体力劳动的大舅，身形已经有些佝偻了。

妈妈最终还是离开了。

那是一段记忆中最为黑暗的时期。在承受着世上最疼爱的人离去的痛苦的时候，姨妈舅舅们的脸不停地在眼前晃动。他们神秘兮兮地在她耳边念叨，要她看好妈妈的财产，因为那是外公留下来的遗产。她望着远处忙碌着的爸爸瘦弱的身影和忽然之间花白了的头发，心头的恨和酸楚一样疯长。她不知道这都是些什么样的人，长着什么样的心，尤其可恨的是：他们是她的亲人。

大舅一直跟在爸爸和她的后面，看他们做什么，他也帮着做什么，还时不时地扭头看看妈妈的遗像，抹着眼泪。她的心在伤痛之余有了一丝温暖：妈妈毕竟还有一个傻哥哥，他从心里是爱着妈妈的。丧礼过后，现实摆在了面前。爸爸要回去工作，她的学校在这里，已经高三了，转学过去影响太大。可是原来的房子给了四舅，早已容不下她了。接连失去老伴与女儿的外婆，也终于卸下了她的强悍与精明，整日里默不作声地坐在阳台上晒太阳，漠视着从小带大的外孙女的无助。

她的心更冷了。

那天，爸爸突然对她说："要不，到你大舅家住一阵。就几个月的时间了。"她呆了一下，想到大舅，丑丑的脸，竟生出些许亲切，于是点头答应了。

大舅的工作虽然是个苦力，但单位毕竟是事业单位，他是老职工，还得了一套两居室的住房，旧是旧点儿，倒也宽敞。住在这里的第一晚，想到过世的妈妈、远方的爸爸，还有隔壁房间的傻舅舅，她只觉一阵荒凉，开着灯哭了整整一夜。

但日子还是得过。每天大清早她就起床，到巷子口买早点，中饭和晚饭都在学校吃，晚自习后回来睡觉。她也习惯了这样的生活，觉得还不错，反正也就几个月的时间。唯一让她提心吊胆的，就是晚上回来时要穿过那一条长长的巷道。

那天她下了晚自习，照例到校门口买了一瓶酸奶，老板迟疑了一会儿，告诉她好像总看见一个身影跟着她，让她小心一点。她当时就吓蒙了，站在原地不知该怎么办，在这座城市里，她无依无靠。过了很久，她还是只得咬咬牙往大舅家快步走去。巷道拐角处，隐约看到一个人影。她心狂跳，拼命向前跑去，却一不小心摔在了地上。她恐惧到了极点，只觉有人跑过来抓住她的胳膊，她死劲挣扎、尖叫，突然间，却好像听见有一个熟悉的声音口齿不清地叫着她的小名。她呆住了，安静下来，眼前竟然是大舅那张丑丑的脸，上面还有被她指甲划伤的血痕。

她怔怔地站了起来，大舅结结巴巴地说："巷、巷子黑，我、我、来接你。"她突然明白了，这些天跟在自己身后的那个身影，就是大舅，难怪她每次回家都没见到他。"你为什么不在学校门口等我？"她问道。

"人、人、人多。"她心头一震，脑海里回想起多年前的一幕：她上小学，大舅来接她，她嫌他丑，使她在同学面前丢脸，于是跑得远远的。

一时间，泪水涌出了眼眶。在这样一个被亲人都视为卑微的身躯里面，满载的却是汹涌澎湃的爱。那一刻，她才意识到，大舅一直都在一个被人忽视的角落里，默默地爱着身边的每个亲人，不管他们曾怎样对待他。他傻，他丑，但这并不是他的错，而是命运的不公平，为此他丧失了被爱的权利，却还这样执著地爱着身边的每一个人。这该是多么宽大和真挚的心灵啊！

走在巷道里，大舅还是弯着腰走在后面，没有看到她脸上的泪水密布。她在心中默默念道："大舅，你可知道，在这个世界上，没有哪种爱的名字叫卑微。"

心灵感悟

<u>"世态炎凉"这四个字总结出了许多人与人的关系，就连本该纯洁的亲情都难逃一劫。幸运的是，这个世界上总有真情，虽然它的存在看似卑微，虽然它常常被人们忽视，可是它们却无比真诚。也唯有这种感情，才让我们的心灵有所相依。</u>

◆ 麦子是一首诗

想家

　　出国两年来，一直都在想家，想我的老爸，想我的老妈，还有我亲手布置的家。记得我自作主张把屋的色调定为白色后，老爸死活不赞成，他那么固执，可最后竟也依了我，因为他的亲女儿要走了，而且要走得很远。

　　"想"是我对家的全部感情。一直认为"想"是远远超越爱的。"爱"太平凡、太简单。而"想"包含了"爱"，定是爱极了才会去想，而且这种爱是实在的，不是浮泛的。我想家，想得厉害，想得叹息。出国两年，生活简简单单，没有购物的欲望，把开销都花在长途电话上了，我觉得很值。从电话中，我可以感觉到他们是否健康、是否开心，他们是我最亲爱的人啊。钱如是用，我踏实！

　　今天是周末，星期五的下午，我坐在床上。窗外，有一只鸽子美丽地在阳光下抖动着，我有一种悲怀。早晨，上课前，接到妈妈的一封来信。读着信中的一万个挂念，我双眼濡湿，心里一阵温柔的牵痛。到现在为止，我已经把信复习了很多遍了，遍遍都是感动，反正今天是周末，我可以用整个下午来想家。

　　坐了很久，仍是靠着窗，想我家以前的种种。窗外的鸽子早已飞得很远，我再也看不见。我决定去借春节文艺晚会的录像来看，作为我怀想的凭藉。

　　打了几个电话，又辗转几次，终于借到了。

　　在我自己的房间看，永远不变地喝着茶。

　　先看到了赵忠祥，我吃了一惊，他老了，仅两年时间。看了他半分钟，又觉得眼睛鼻子里有涕泪的酸楚，最后泪还是流了下来。我是怎么了？我恍然，我想到了我亲爱的爸爸妈妈，我不忍再看下去，关了电视，让泪静静地流着，取过一张心形纸，写下："爸爸妈妈，千万为我保重，千万不要变老，不要！"泪落在纸上，一滴，一滴，字迹变得横大、模糊。在模糊中，我发现了母亲的笑，那种是温和而且年轻的笑。擦干眼泪，再读母亲的信，心绪宁和了许多。这大概是泪的好处，可以维持心理、生理的平衡。

　　我关掉所有的灯，点起一支粉红的、大大的蜡烛，它在我眼前燃着，我不要流泪了，让它替我流。我重新打开了电视。

我是那么专注地看着每个节目，对每个人都是叹服，觉得他们真是天才。我注意台下人的表情，想借此判断每个人的风范和人品。我注意到了陈佩斯，对很多人的出色表演，他都报以掌声，挂着欣赏的笑，那绝不是装的。

民族舞蹈，我也看了，我自己也很惊讶。我一向欣赏不了民族舞蹈，连装着欣赏都不能够。从前，若是此时，我会叫着爸爸，出去放一挂鞭炮，对着正在包饺子的妈妈喊一声："妈，有好的节目赶快叫我！"而今天，我看了，而且很认真。

想想真是感慨，仿佛天上人间。看完整个节目时，已是深夜，我仍觉得不满足。地上的蜡流着泪对着我，我不明白，它为什么要这样搅动我的心绪，让我想家。

我取过那张心形纸，画一个笑在上面，那是父亲的笑，同样是温和的、年轻的笑。

心灵感悟

夜深人静的时候是想家的时候，想家的时候很甜蜜，家乡月就抚摸我的头；想家的时候很美好，家乡柳就拉着我的手。想家，是每个游子的心理情节，想那慈爱的父亲，想那和蔼的母亲。亲情的味道让我们温暖，这些温暖的记忆滋润着我们的心田。

我得活着跟你做伴

我一直在思忖：要不要给父亲打个电话，要不要呢？

父亲一定是不在家的。他这时也许正站在5楼或者8楼的脚手架上奋力扔上了又一块砖，擦一擦汗的工夫，就被人拼命地吆喝。十几年了，人也上了50，不知道他还受不受得了。

但父亲是心甘情愿又志得意满的，至少他每次与我说话都在努力表达这样的意思。而我，越发地不安。

我今年22岁了，父亲52。我4岁时母亲改嫁他乡，父亲和我磕磕绊绊地活着。多少年了，数也数不清楚，那些漫长的日子怎么可以用一个数字说过来呢？

父亲的智商比一般人要低一点，生活简单得像几条纵横的网格。很早的时候，别人扔掉一架破木车，他捡回来，敲敲打打，然后拖着上路了，沿途把别人扔下的酒瓶废铁等破东西捡上车拖回家。时间久了，乡邻们也把不要了的东西放到他车上。我整天埋在那一堆破烂里翻翻拣拣，穷人的孩子，六七岁就当了家。

冬天来的时候，我放钱的纸盒子已经有了沉甸甸的满足。这年过年，我们吃了鱼和肉。一个8岁的女孩子，把年夜饭看了又看，从心底里微笑着叮嘱自己记住那一刻庞大的快乐，所以，一直到现在，十多年过去了，也忘不了当时满满的幸福。

父亲种的瓜菜都新鲜水嫩，我们两个人吃得很少，我就把大部分放到父亲的小推车上。乡里乡亲的嫂子大娘谁要就从上面拿走，回去包顿饺子或者做顿汤面，也不说谢，偶尔记得差他们的孩子送一碗给我，我笑笑地接着，也不说谢。

吃百家饭穿百家衣，我沉默着、绚烂着，也成长着。每天最好的时光便是我踩在小凳上弯腰炒菜，父亲坐在灶前烧火，不时惊慌地去扶一下我脚下的小凳，见很安全了，就呵呵笑起来。现在去回想那段日子，总是首先忆起灶间的那片阳光，10岁左右的阳光，竟然是天长地久的样子。

这样的日子持续了多少年我已经不记得了。我用纸盒子里的钱交学费，买作业本，也偶尔买点肉做给父亲吃，是恬然的安静感觉。这样的日子让人有种惯性的依赖，像一只鸟的飞翔，没有转弯和阻隔。

突然一天，父亲拖着坏了很多处的车子从废品站回来，脸上青一块紫一块的，透着强烈的委屈和惶惑。钱被镇上的小混混抢了，父亲被打了。我安慰了他半天，最后还是忍不住哭了。这是第一次，然后是接二连三。父亲越来越惶惑不安，吃饭越来越少，睡觉也很不安稳，经常半夜起来对着窗户呆呆地坐几个时辰。话也不说了，更不笑，脸上眼睁睁地消瘦下来，眼神是不安的游移。我不知道该怎么办。我知道他往日细缓如流水的生活突然碰上了巨岩，他缓不过神来，难受得紧。

那天，父亲去废品站很晚了还没回来。外面一片漆黑，心里一阵阵发毛的我跑出去沿路找。嗓子喊破了，像一面破锣，震得自己心里脑里嗡嗡的，却并没传出多大响声。夜里的村野风吹草惊，自己的脚步声和喊声总会引来一片陌生的声音。我毛骨悚然。最终在一个大水湾边看到父亲的车子，没有人。我立刻就大哭起来，感觉整个人都化成了水在不断地往外流，直到整个人都空了。

猛然听到一阵急促的水声的时候，我吓了一跳，哭声被硬生生截断在喉咙里。我望着声音的来处，好久才看清楚有一个人从水里走过来，越来越近，像从水里长出来的一样，水被擦出一片哗哗声，有沉重的呼吸声，近了，又近了——是父亲，是父亲！

父亲跑过来喘着气抱住我，急急地问："我得活着跟你做伴，对不对？"

我使劲地点头，呜咽不已。父亲立刻笑了，像发现了真理似的说："怎么样我也不能死，我得活着跟你做伴。"说完就不理不顾地牵着我回家了。

一路上他莫名的兴奋对比着我的泪水。那一年我13岁，父亲43。这是我生命中最铭心刻骨的一段回忆。

父亲最终也没有去把那架车子捡回来。他不再去镇上了，就在四周围转，谁家田里有草就帮忙拔，有什么活就帮忙干。只是每天都乐呵呵的。再后来，父亲跟着村里的一个民工小组去赶零工。他只扔砖头，从房底扔到房上，要恰恰扔到瓦匠手上，要快，要一时不停。他的胳膊红肿了起来，每天回来我就用热毛巾给他敷，但不很管用，后来学习家务一忙起来，也便放弃了。有时候夜里醒来听到父亲睡梦中沉沉的呻吟，心就一抖一抖地疼，泪流了一脸也不敢哭出声来。父亲很卖力气，对工钱也没有概念，给多少是多少，好在别人不太忍心欺他。

生活再一次进入正轨，我可以不用踩小凳子炒菜了，干活也利落了许多，不再需要父亲烧火了。他便转移了目标，每天我写作业的时候就抚一抚我的英汉大词典，咕哝几句"小闺女不简单，能看这么大的外国书"，脸上是羡慕和骄傲。我对他笑一笑，他就很欢喜地走了。父亲显然对自己过的日子心满意足，眉眼间都活络了许多。

高中我没住校，仍然延续着这种生活，但是日子一天天逼近高考，我开始发慌。

我试探着问他："我要到很远的地方念书了，你怎么办呢？"

"有多远？是不是有毛主席那么远？"他瞪大眼睛，脸上有我看不出

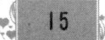

来的表情。我局促地点了下头。他竟然很高兴:"闺女能到毛主席那里去了,不简单。我,我在家里等你回来。"表情甚是雀跃。我不想把话题往深里引了,怕他难受,说:"你要干活呢。"他说:"好,干活。"

就这样我半头半尾、模糊不清地完成了离别的可能,却没有想到在即将上路之前的晚上,父亲变了卦,死活要送我去上学。他说,太远了就走丢了,说得切切真情,我没有办法说不,就这样拖拖拉拉出了门。

半天的汽车,一天一夜的火车。父亲一直兴奋着,他从来没见过这么多的人、这么大的车。下车之后更不得了,他被那么高的楼晃得头晕,自始至终只说一句话:"神仙一样的咧?"

我始终小心谨慎地买票、转车、照看行李包裹、照看父亲,心里竟有种不可思议的平静,感觉竟像我在送父亲上学。

到了学校天就黑了下来,招待所父亲不住,说他在哪里都睡得着,可不能过神仙一样的生活呢。宿舍要关大门了,我被父亲塞进去。一夜无眠,一大早就在门里等着开门,而父亲,等在门外。拉开门的一刹,我看到他满身的泥灰,脸上也黑漆漆的,正朝门里紧张地张望,生怕我进了那扇门他就再也见不到了似的。

我赶紧迎出去,问他怎么弄成了这个样子。

他说,没什么事呀,就是夜里冷了,看不见东西就随手扯了块布裹在身上。天哪,那一定是前面楼施工扔下的水泥袋子,上面是没倒干净的灰粉。已经是9月的天气了,一定冷得难当。我看着一脸是笑的父亲,深吸了一口气,仍是说不出话来。

学校招生处还没有上班。我揣着户口本在偌大的校园里转,满是四处无依、漂泊不定的感觉,心里很不踏实。但想到毕竟以后4年都要在这里生活了,总有点殷殷的期望。而父亲没有,一切对他来说是那么生疏,而生疏使他更显局促。在三四千里以外的异地,他听不懂别人说话,别人也听不懂他。他打心底里恐慌,一着急,就脱口而出:"我回家吧,我想回去了。"

我拗不过他,只好送他去车站。这一年我19岁,带着年轻的梦想和莫名的迷惘进入了城市;父亲49,在城市的一角作惊鸿一瞥,然后带着满心的喜悦,穿着又脏又破的衣服离开了。"转身成背影了,话,怎么说呢?"无语凝咽。

这是我跟父亲唯一的一次离别，一别至今。

为了赚取自己的学费，我每个假期都不得不留在这座城市打工。转眼，便是4年了。

父亲在家望眼欲穿。我只在过节的时候把电话打到邻居家去，父亲跑来接，每次接的时候都是喜悦的，却不知道说什么好，就絮絮叨叨说谁家又给了他什么吃，谁家又盖房子他去帮工。我在这一头捂住话筒抽泣，然后调整声音要求他晚上给自己做点好吃的。他会答应了回去做，很认真。我羡慕父亲可以用如此简单的方式表达他的珍惜，而我总是忍不住汹涌又愚笨地欲盖弥彰。

今天，父亲的小闺女长大了，她已经学会穿着职业装在城市的人流中匆忙行走。一个月后，领到第一笔工资的我，就可以回家看父亲了。

我们曾约定过，要一辈子陪伴的。

心灵感悟

父爱，好比一盏明灯，这盏灯，一直亮在我们心里，温暖我们一生。即使他贫寒的，只剩下自己的影子，他也会把影子作为庇护我们的一片阴凉，让我们永远也道不尽他的恩情。

有哥哥的日子

那是有哥哥的日子。哥哥是大伯父的儿子，是我的堂兄。

有哥哥在一起的日子，是七年前。那段岁月仿佛拉开书橱最先看到却又不忍心一次品完的一本好书，放在心里，来回的温暖。

哥哥去了美国，至今已有七年了。七年之中，竟未谋面。

我从当初一枚青涩的果子长成一株想要开花的树，承受了周围的变迁却也默然。哥哥的这七年，又如何呢？

回忆总是从细微之处着手，我也不曾例外。

在读小学的时候，在那个年代里，认为收信是一件好神圣的事情，一个小孩子，将那薄薄的一页看得千斤重。一日收到一封来自西安的信，方才明白——是自己的生日了。

也只有哥哥才会这样的细心，替一个自闭又矫情的小孩记下她的生日。我的心里，是这样地感动着、感激着。

抽出那张薄薄的卡片，感受着周围同学的艳羡，我清楚地记得，自己是落泪了。

我真的不想以一种做作的态度去追忆任何一段往事，对于自己，显然是不合适的。可是每到动情，却又按捺不住，原谅我，这不是我的错。

这么多年过去，我收到了不知道多少封信，却再也不曾有过那一刻的感怀了。那是只属于那个时代的。

一个夏日星期日的下午，我呆呆地看着自己养的白蚕发愣，脑子里满是稀奇古怪的东西。不觉间想起了哥哥，好稚嫩的一颗心便如一粒小石子敲开的静静湖面——微笑了。

哥哥要是来了多好。

那时的哥哥在西安交大读书。我却就那样把哥哥从西安给盼来了。若是这一幕发生在七年后的今天，我必然再喜极而泣，而当时的自己，就是那么简简单单地冲着哥哥傻笑着。空长了这么多年，反不如孩子时候的简单。

哥哥的笑容，多好啊！

旧日的好岁月一点一点被年年的太阳蒸发了去，活在记忆里的一颗心也随着一同变得干涸。一次网上的偶遇将往昔带回，点点滴滴似甘泉轻淌，将一颗皱皱的心滋润得生动起来。

我想，当年的我，好爱哥哥。

哥哥将走的那些日子，我也渐渐明白了这人生的变化，渐渐学会了用哭泣和微笑去面对一些东西。但我仍是不愿他走，于是我躲着不见。即便是最后一次来家中看我，送我一件生日礼物，我也不见，躲在一个要好的朋友家中呆呆地叹气。记忆里那个冬天真冷。

可是哥哥并没有因我的不见而留下。

回家后就听妈妈说哥哥走了，送我一件生日礼物——派克钢笔，珍爱如心中至宝。可后来一次家中遭贼，将那支笔也掳了去。我便想贼人果然厉害，识货得紧，又恨贼人可憎，将别人最爱的东西也拿去。若那贼人肯还，我纵是卖血也要换回来。

从那之后，再不用派克钢笔写字，因那又牵着一段往事。别人看来大可不必，我想起来心里却是一阵阵的痛，因那系着的是一段岁月。

又一个冬日的下午，蜷缩在冷冷的家中读小说，院子里的伙伴神秘地来找我，说要带我去看一件全世界最美的东西。

在呵气成冰的季节里，我终是一匹倦马，不愿走动。她却硬是将我拉出了门，到了院后的一座公用水池边。

我便呆住。

许久许久不做声。

眼前是一个玉雕的世界，寒风凝固起的晶莹，空灵地将光也冻结了。我想那该是我一生当中少有的几次震动之一吧。耳边的风声没有了，体外的寒冷没有了，我伸手抚摸着那一束束的光滑，身心轻轻飘散。

忽而想起了远赴他乡的哥哥，心紧紧地一抽。远了⋯⋯

眼泪不争气地滴落，转瞬被凝入另一个世界里去。

为何会想念哥哥，或许我无时无刻不在想念，或许美好的一切在人心中是共通的吧，所以由此及彼了。

我将自己的梦剪碎，在下一个梦里一片片地做着拼图游戏。一切都会走远么？

为何大伯父看过我想念哥哥的文字也会默然流下泪来？他可是半世的军人、半世的学者。我明白，他在记挂着心里的儿子——我亲爱的哥哥，想念的心，不论年龄，都是一样的呀。

唉！

那有哥哥的日子呀。真好⋯⋯

心灵感悟

有个哥哥真好，这是无数女孩的心声。与哥哥一起，我们备受呵护；与哥哥一起，从不寂寞，我们一起玩、一起听故事，浓浓的手足情平淡简朴，却不会让人感到琐细无味。每每想起，总想"回到从前"，重新回味那段"处处是爱，时时有情"时光。

我的二姐

二姐在我们家的地位很特殊。她是我们家的人，却只在家里待过6年，6年之后，她被大伯领走，做了人家的女儿。

大伯不能生育，于是和父亲说想要他的一个孩子，父亲和母亲商量了一下就同意了。

4个孩子，大哥、二姐、我和小弟，两个女孩儿两个男孩儿，父母当然考虑是把一个女孩送出去，他们首先考虑的是我，因为那时我4岁，小一些更容易收养。但我哭我闹，我说不要别人做我的爹妈，4岁的我已经知道和父母斗争。父母问二姐要不要去？二姐说："我去吧。"那时她只有6岁。

这一去，我们的命运就是天壤之别。我家在北京，而大伯家在河北的一个小城，我去过那个小城，偏僻、贫穷、萧条、风沙大、脏乱差，而大伯不过是个化肥厂的工人，伯母是纺织厂的女工，家庭条件可想而知。二姐走的时候还觉不出差异，但30年之后，那个小城和北京简直不能相提并论了。

从此二姐离了家，她做了大伯的女儿，管大伯、伯母叫爸爸妈妈，管自己的亲生父母叫二叔二婶。二姐走后的好长一段时间，母亲总是躲在某个角落里偷偷流泪。是啊，二姐也是母亲身上掉下来的肉，她一个小孩子远离亲生父母到一个陌生地方去受苦，想起来怎么能不让人心疼呢。实在想得不行，母亲就会去小城看看二姐。二姐过年过节偶尔也会回来看我们。离别，不仅仅是母亲，我们兄弟妹也跟着泪水涟涟，真的舍不得二姐走啊。可这个曾经的她温暖的家已不再是她的家，她的家在那个贫苦的小城，她不走不行啊。好在我们还算听话，

母亲在儿女双全的幸福中念叨二姐的次数渐渐少了。十几年之后，因为工作忙加上心灵上的那种疏远，二姐和我们仿佛隔了山和海了。

再见到二姐，是她没考上大学。大伯带着她来北京想办法，是复读还是上班？父母的态度很模糊，二姐是没有北京户口了，大哥因为有北京户口，很轻易就上了北京外国语学院，虽然二姐考的分数并不低，但在河北，

却连三流的大学也上不了。

父亲说:"来北京复读也不是很方便,不如就找个班上吧。"母亲也在一边说:"按说,我们应该把二丫头接到北京来读书的,可是,我们现在也没有这个能力啊。如果回去后一时找不到工作,我们再一同想办法。"虽然大伯心中多少有些不快,但他还是很理解父母的难处,便说:"是啊,大家都有难处,只是怕误了二丫头一辈子呢!"

二姐再来我们家时,已长成大姑娘了。可她的头发黄,人瘦而黑,好像与我们不是一母所生。她穿衣服很乱,总是花花绿绿的,因为新,就更显出神态的局促来,而我们那时已经穿很时尚的牛仔裤了。母亲总是无限伤感地叹息:"唉!苦命的孩子啊。如果当时不把你二姐送出去,她今天怎么也不会成这个样子。同是一母所生,命运竟是如此截然不同,我这辈子恐怕最愧对的就是你二姐了……"

母亲每说起二姐,便会情不自禁地落泪。可是二姐始终说伯父伯母是天下最好的父母亲。她和大伯伯母一起来的时候,总给人"刘姥姥进大观园"的感觉,好像什么也没见过。可她对伯父伯母的爱戴和孝顺很让人感动。大伯有一次兴冲冲地从外面回来,手里拿着一个头花,他说花了5块钱在楼下买的,二姐就喜欢得什么似的。我心里一动,长到16岁,父亲从没有给我买过头花什么的,他这时候已是政界要员,一天到晚嘴里挂着的全是政治。只有母亲在这个时候给二姐买许多新衣服、食品之类的东西,想必是母亲对女儿的最好补偿吧。

那次之后,二姐直到结婚才又来。

二姐22岁就结了婚。19岁她参加了工作,在大伯那家化肥厂上班,每天三班倒,工作辛苦,工资却不高。后来,经人介绍,嫁给了单位的司机,她带着那个司机、我所谓的姐夫来我家时,我已经在北京大学上大二了,当我看到她穿得花团锦簇带着一个脏兮兮的男人坐在客厅时,我打了一声招呼就回了自己的房间。

那时我已经在联系出国的事宜,可我的二姐却嫁为人妇了。说实话,因为经历不同、所处环境不同,二姐说话办事、风度气质、言谈举止与我们有天壤之别,我从心底里看不起二姐,认为她是乡下人。大哥去了澳大利亚,小弟在北京师范大学上大一,只有她在一家化肥厂上班,还嫁了一个看起来那么恶俗的司机。我和小弟对她的态度更加恶劣,好像二姐的到来是我们的耻辱，因此，我们动不动就给她脸色看，二姐却显得非常宽容，根本不与我们计较，依然把我们叫得亲甜。

二姐不会吃西餐，二姐不知道微波炉是做什么用的，二姐不爱吃香辣蟹，让她点菜，她只会点一个鱼香肉丝，而且一直说好吃好吃，北京的鱼香肉丝比家里做的要好吃。

这就是我的二姐，一个已经让我们感觉羞愧的乡下女人。

几年之后，她下了岗，孩子才5岁。大伯去世，她和伯母一起生活，二姐夫开始赌钱，两口子经常吵架，这些都是伯母打电话来说的。而她告诉我们的是：放心吧，我在这里过得好着呢，上班一个月六百多，有根对我也好。有根是我的二姐夫。

大哥在澳大利亚结了婚，一个月不来一次电话，我办了去美国的手续，小弟也说要去新加坡留学，留在父母身边的人居然是二姐了。

不久，大哥在澳大利亚有了孩子，想请个人过去给他带孩子，那时父母的身体都不太好，于是大哥打电话给二姐，请她帮忙。二姐二话没说就去了澳大利亚，这一去就是两年。后来大哥说，在我最困难的时候，是二妹帮了我啊！

但我一直觉得大家还是看不起二姐，她文化不高，又下了岗，况且说着那个小城的土话，虽然我们表面上和她也很亲热，但心里的隔阂并不是轻易就能去掉的。我去了美国、小弟去了新加坡之后，伯母也去世了，于是她来到父母身边照顾父母。

偶尔我给大哥和小弟打电话，电话中大哥和小弟言语间流露出很多微词。小弟说："她为什么要回北京？你想想，咱爸咱妈一辈子得攒多少钱啊？她肯定有想法！"说实话，我也是这么想的，她肯定是为财产去的，她在那个小城一个月死做活做挣五六百元，而到了父母那里就是几千块啊。我们往家里打电话的次数越来越少了，直到有一天母亲打电话来说，父亲不行了。

我们赶到家的时候才发现父亲一年前就中风了，但二姐阻拦了母亲不让她告诉我们，说是我们会因此分心而影响事业。这一年，是二姐衣不解带地伺候父亲。母亲泣不成声地说："苦了你二姐啊，如果不是她，你爸爸怎能活到今天……"

我看了一眼二姐，她又瘦了，而且头上居然有了白发，但我转念一想，说不定她是为财产而来的呢!

当母亲还要夸二姐时,我心浮气躁地说:"行了行了,这个年头人心隔肚皮,谁知道谁怎么回事?也许是为了什么目的呢!""啪",母亲给了我一个耳光,接着说:"我早就看透了你们,你们都太自私了,只想着自己,而把别人都想得像你们一样自私、卑鄙。你想想吧,你二姐吃了多少苦、受了多少罪!她这都是替你的!想当初,是要把你送给你大伯的啊!"

我沉默了。是啊,一念之差,我和二姐的命运好像天上地下。二姐因为太老实,常常会被喝醉了酒的二姐夫殴打,两年前他们离了婚,二姐一个人既要带孩子还要照顾父母,而我们还这样想她,也许是我们接触外面的污染太多,变得太世俗了,连自己的亲二姐对母亲无私的爱也要与卑俗联系在一起吧。

晚上,母亲与我一起睡时,满眼泪光地说:"看到你们现在一个个活得光彩照人,我越来越内疚、心疼,我对不起你二姐啊。"我轻描淡写地说:"这都是人的命,所以,你也别多想了。"母亲只顾感伤,并没有觉察出我的冷淡。她接着说:"那天晚上我和你二姐谈了一夜,想把我们的财产给她一半作为补偿,因为她受的苦太多了,但你二姐居然拒绝了,她说她已经得到了最好的财产,那就是你大伯伯母的爱和父母的爱,她得到了双份的爱,还有比这更珍贵的财产吗……"

我听了大吃一惊,简直不敢相信自己的耳朵,可母亲话未说完已泪流满面、泣不成声,我不由得不信,渐渐地,我的眼圈也湿了,背过身去在心里默默叫着:"二姐,二姐!我误解你了,你受苦了啊!"

父亲去世后二姐回到了北京,和母亲生活在一起,母亲说:"没想到我生了4个孩子,最不疼爱的那个最后回到了我的身边。"

过年的时候我们全回了北京。大哥给二姐买了一件红色的羽绒服,我给二姐买了一条羊绒的红围巾,小弟给二姐买了一条红裤子。因为我们兄弟妹三个居然都记得:今年是二姐的本命年。

二姐收到礼物哭了。她说:"我太幸福了,怎么天下所有的爱全让我一个人占了啊!"我们听得热泪盈眶,可那是对二姐深深愧疚、悔恨的泪啊!

心灵感悟

亲情的价值不应该用金钱来体现，不应该用成就来在衡量。最无助的人生路上，亲情是最持久的动力，给予我们无私的帮助和依靠；在最寂寞的情感路上，亲情是最真诚的陪伴，让我们感受到无比的温馨和安慰；在最无奈的十字路口，亲情是最清晰的路标，指引我们成功达到目标。

为后母求情

闵子骞是春秋时期的鲁国人。在孔子的72个高足弟子中，是很有孝行的一位。在闵子骞五六岁的时候，母亲病逝，父亲又当爹又当娘地照顾他。闵子骞看到父亲如此辛苦，在一个深秋的晚上，就向正在为他拆洗棉衣的父亲说："爹爹，你一个人忙里忙外，也太累了，还不如再给我娶个妈妈呢。"

父亲叹了口气，无可奈何地说："这事，我也不是没有想过。说真的，如果咱家里有个女人操持家务，我在外面干活也就放心了。但你知道，后妈和亲妈可不一样。她如果对你不好，虐待你，我也不知道，可就太苦你了。我就是因为你还年纪太小，所以暂时还没有考虑再娶的事情。"

闵子骞说："爹爹，还是再给我娶个妈妈吧。有了妈妈就有人给咱俩做饭、洗衣服，我俩吃得饱，穿得暖，可比现在家里总是冷冷清清的强多了。我想，只要我听话，对她孝顺，她也一定会对我好的。"

父亲想了想，觉得儿子说得也对。于是就托人做媒，将邻村一个新死了丈夫的寡妇娶了回来。

闵子骞对这位新来的妈妈很是孝顺。他每天早晨起来，总要把院子打扫干净才去吃饭。有了好吃的新鲜东西，也是先请父母吃。新妈妈在邻居面前，一直夸奖闵子骞是个好孩子。父亲看着全家人和和睦睦的，心里也很高兴。

过了一年，这位后妈给闵子骞生了一个小弟弟。小弟弟年纪小，有好吃的东西自然要先给弟弟吃。闵子骞放学回来，不管老师留的作业多不多，后妈都要让他带着弟弟出去玩。慢慢地，弟弟吃剩的，甚至全家人的剩菜剩饭，都让闵子骞去吃。

闵子骞稍稍长大，后母对他的态度越来越坏。尤其是父亲不在家时，后母就指派他去干家里的重活、苦活、累活，动作稍慢就恶语相加，甚至施以棍棒。而对弟弟却一直像宝贝似的供着。吃饭的时候，弟弟和后妈天天有肉吃，而闵子骞却顿顿是水煮萝卜白菜。肚里没油水，饭自然就吃得多。后妈见此，就常常在父亲跟前唠叨，嫌闵子骞是个大饭桶。闵子骞听了后妈的言行很不高兴，但他知道父亲有父亲的难处，所以为了家庭的和睦，他觉得自己受点委屈也是值得的。

让闵子骞感到奇怪的是，每当隆冬数九，他虽穿着厚厚的棉衣还一直觉得冷得很，所以只能是躲在房间里围着被子看书，而弟弟穿着一样厚的棉衣，却可以在院里玩耍。这中间有什么奥妙呢？

碰巧有一天父亲要出门办事，把闵子骞叫来为他套辕赶车。车子出门不远，闵子骞的手便被冻得连马缰也拉不住了，浑身上下抖得厉害。父亲十分诧异地用手撕开他穿的棉袄，发现里面露出来的竟然是一团团的芦花。这芦花怎么能御寒呢？怪不得闵子骞冻成这样子！

此时父亲十分心疼自己的儿子，便把自己的袍子脱下让他披上，怒气冲冲地拨转马头回到家中，当着后母的面把弟弟的棉袄也撕开一个口子，发现里面填的是又软又厚的毛絮。一样的孩子，两样对待。在事实面前，父亲火冒三丈。他大声地呵斥后母："我娶你回家，让你好好地照顾这个没娘的孩子，可你竟然这样虐待前房的孩子，你也太狠心了！我今天就休了你，你赶快收拾东西，走得越远越好。"父亲说着，就抡起棍棒向后母打去。

顷刻之间，家里哭的哭，喊的喊。一个过去表面看上去还很平静的家，混乱得不可收拾。忽然，"咕咚"一声，闵子骞跪倒在父亲面前。他泪流满面地向父亲说："后母虽然不是我的亲娘，但她是我弟弟的亲娘啊。过去后母只是对我一人不好，但弟弟得到了很好照顾。如果你把后母休了，那我和弟弟就都是孤儿了，恳求父亲看在我们俩的份儿上，还是把后母留下吧。"

后母见闵子骞为她求情，感动得不知说什么好。她这时泪如泉涌，走上前去忙把闵子骞扶起来，再三地检讨自己的错误，哀求丈夫原谅她这一次。她说，以后一定会把两个孩子同等相待。

从此以后，后母痛改前非，对待两个孩子一样的好。这样，全家人就真正和和睦睦地生活在一起了。

心灵感悟

从前所说的关于后母的刻薄，也许源于此类的故事。原谅别人的过失似乎没有那么困难，没有那么多的挣扎，可是，对于后母，作为一个母亲，会去无私地爱亲生的孩子，却不能够容忍"别人"的孩子，这似乎是一种悲哀吧。

闵子骞却用自己的方式改变了一个人，那就是宽容。从此我们不再相信善良的人是没有力量的。善良是最美妙又有力的武器。

老爸，我爱你

她和他整整相差两个年轮，都有很暴躁的脾气，一旦倔起来谁也不让谁。

那时，他是一个中学的老师，她的妈妈还在老家照顾爷爷，她就跟着他生活。每天都是他给她梳头发，两个歪歪的小辫，还戴两朵大大的红花。多年以后，她的童年能回忆起来的就是牵着他的衣角的那个怯怯的小女孩。她七岁的时候，他是班主任，很忙。刚开学没有时间送她去学校报名，就让她和年纪大的女孩子一起去。她生着气就走了。

轮到她的时候，老师怎么都不相信她才七岁，"可是我就是七岁了啊！"最后她被气哭了。心里对他愤愤不平的，凭什么你让我一个人来报名！但是从那时起，在她懵懵的意识里有了自己做事后获得的成就感。

他以前成绩很好，上清华大学都没问题，因为文化大革命而错失了上大学的机会。因此她上学后，他对她抱有很大的希望。

她上中学的时候，他已经做了学校的校长。她拥有年级第一的好成绩，加上校长的女儿的身份，自然是引人注目。于是，在神不知鬼不觉中，她早恋了。结果她的成绩一点一点地下滑，从年级第一到十七，在到三十五，最后中考的时候上了二类高中。她心里有愧，倔强地不答应他把她安排到一类高中的决定。

但自此以后，她在心里下了决心：一定要考上重点大学给他看看。

填报志愿的时候，他和她的分歧很大。他一直想让她报一个师范类的学校，以后做老师，可她怎么都不想做老师。于是，他们又争吵起来，最后他火了："我不管你了，你想怎么填就怎么填，以后后悔了别找我。"说完他头也不回地走了，剩下她一个人在学校门口站着，看着他的背影，她想，世上怎么会有这样的父亲啊。第一次她没有屈服，按自己的意愿填报了志愿。

大学后，她有了自己的天空。时不时写点小东西发表。当她装着无意间向他炫耀的时候，他总是在电话里不屑地说："你那刊物是什么级别的？你能在国家级的刊物上发表吗？"她听了后心里不平，原本以为远离他了就能不受他的干涉，可是他还是像个指挥棒一样要求着自己。

找工作的时候，很多同学都是找关系，忙得焦头烂额。他说你自己去找吧，我给你出车费。结果她去了北京、上海、广州等好几座城市。

去上海的一家单位应聘的时候，她落选了。在火车站给他打电话，听到他的声音却一句话都说不出来，只是在陌生的城市里大声地哭了起来。结果他很平静地说了一句话："没录取没关系，找不到工作也没关系，大不了爸爸养你一辈子。"这是她长这么大第一次听他说这样的话。在那个最无助的时候，让她仿佛在干涸的沙漠里找到了一眼泉水，她从来都没有想过真的要依赖他，但是他的话却给了她莫大的力量。是的，还有他！不管怎么样，他都会一直支持她的。

几经波折，她终于找到了适合自己的工作，虽然早就具备了独立生存的能力，但是遇到什么困难时，还是会给他打电话，说着说着，就会委屈的哭起来。他就会在那边激她："丢人啊，那么大姑娘还哭鼻子啊。咱就不信这点小困难会难倒英雄汉啊。那就不是咱妞妞了啊！"她听了后使劲地吸一下鼻子，然后破涕而笑，"哼"一声又有了斗志。

放假了，她给他买了一套保暖内衣，花了三百多。他心疼地说："花这些钱干嘛啊？这不是浪费吗？"他还是爱和她抬杠。看着他鬓角的白发和不再挺拔的身躯，嘴动了动却什么话都没说出来。

那一天，她帮妈妈收拾房间，在一个陈旧的箱子里翻出了几个厚厚的笔记本，里面写的全是与她有关的事。

"今天妞妞的作文在市里得了三等奖，几千人参加比赛，取得这样的成绩还不错。但是这个丫头容易骄傲,所以不能表扬她,要压压她的傲气,才能有更好的成绩。

"没想到妞妞竟然早恋了,而我一气之下,竟然打了他一巴掌。太冲动了!想给她道个歉。虽然她有错,但毕竟那个还是个孩子,想想也许只有这样对她,她才能真正地明白老爸的心情。

"妞妞要找工作了,我已经帮她联系好了一所重点中学。但是不能告诉她,不能让她有依赖心理产生,再说她的兴趣不在这。我相信她有能力找到自己喜欢的工作的。"

在那个阳光灿烂的午后,她的泪水簌簌地淌下来。默默地和他斗了24年,认为他是个倔强、固执、无情而又不可理喻的糟老头,却不知道他在这样放手的背后,藏着怎么样的一双眼睛。怕她摔,怕她疼,却还要硬下心来让她自己去面对。他的无情只是为了让她自己去体会成长的意义,能更从容地面对生活。

模糊中,那个牵着他的衣角的小女孩走过来……多少年过去了,她在什么时候开始不再牵他的衣角,不再挽他的胳膊,甚至不曾好好地叫他一声老爸,而其实这么多年来,一直在背后支持着她的,一直在无行中给她勇气和力量的就是他。一定要等他回来后对她说一声:"老爸,我爱你。"他一定会觉得矫情而大笑起来的,但是一定要亲口对他说,一定要。

心灵感悟

高尔基说:"父爱是一部震撼心灵的巨著,读懂了它,你也就读懂了整个人生!"总有一个人将我们支撑,总有一种爱让我们心痛,这个人就是父亲,这种爱就是父爱。

父亲是我的致命武器

对于母亲,我已经写得太多了,也许天天写,日日写,一辈子也写不完。但是父亲,我一直想写却不敢写。也许是他对我的爱不轻易溢于言表的缘故吧。五一的时候我没有回家,他打电话来询问我的情况,说到表叔打他的儿子，打得很凶，最后表弟赌气不去上学，甚至发誓不参加将至的中考。我听到他在电话里深深地叹了口气，也觉得为人父实在是困难，做儿子的却浑然不觉。

　　和父亲打完了电话，我好一会儿缓不过劲儿来。我奇怪我的记忆里竟然没有一次挨打的情景。父亲对我太好了，很早就达到了关系平等的地步，他会征求我的意见，一如征求我的母亲。可是在我最初的青春里，我却要以他为敌，对抗他，讽刺他，让他吃尽沟通的苦头。我恨我经常自以为是自我放逐，用考试交白卷来证明自己不把生活当回事；我恨我做了时间的刽子手，助纣为虐，亲手谋杀了父亲的青春，埋葬了他的壮年，还让他那么不开心；我恨我书读得太多，有预想的前程却把他撇在农村里受无穷无尽的罪，接受儿子不能及时尽孝道的命运；我恨我……可是这些父亲从不提起，他总面带着满足的微笑平静地接受街坊邻居对我们兄妹的赞美，虽然这些赞美不一定都实在，有的还很夸张，但他真的在为我们骄傲。他像一张打捞美好的渔网，让我们的坏都尽数随着时光的流水冲走。

　　我上小学的时候因为贪玩爆竹炸伤了自己，躺在床上休息的时候我听见他和母亲互相埋怨，说为什么不照顾好我。其实我那时已经不小了，他们早已没有盯着我的必要和义务，但他们越争越凶，最后竟然打起来，还打碎了玻璃和茶杯，我听着响亮的破碎声突然产生一种强烈的愧疚感，我想说其实不关你们的事，是我自己不好，但表现出来只是默默地流泪，眼睛轻轻地闭着哭，也不知道哭了多久，最后我感觉到一双温暖的手在擦拭我冰冷的脸庞，那么柔和，那么小心翼翼，我睁开眼睛看到是父亲，他也在哭，他一个大男人像小孩子一样在没出息地哭，旁边是我同样默默哭泣的母亲。我的父亲，他不先去抚慰自己的妻子反而先抚慰刚刚懂事的儿子！一瞬间我明白了：他是怕吵架伤害我幼小的心灵啊。那一晚上，我们仨都没能睡着，我们都在自责，我发誓以后一定不再闯祸，我都是有责任承担事情的人了。也似乎在那个晚上，我猝不及防地长大了。

　　中学的时候我们学了朱自清的《背影》。老师说你们也写一篇吧，我想起我的父亲，但是真奇怪，脑海里竟然只有一点恍惚的回忆，我才发现父亲一直都是以迎接者的姿态在接纳我！

　　陪我上学，他让我走在前面，自己拎着包紧紧跟着，我的影子就在他沧桑的脸庞上忽隐忽现；寄宿时学校规定周三探望，才下楼梯我就看见他

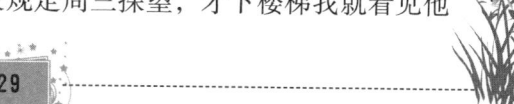

第一篇 ◆ 麦子是一首诗

站在那棵熟悉的广玉兰下冲我微笑，手里捧着母亲赶早熬制的鸡汤；我乘车外出，他从来都是送到车走了好远，我只能推测他什么时候会背过身去；家乡四面临水，坐船跟吃饭一样稀松平常，我常常在江心就眺望到码头上站着一个人，岸近了，他一定是我的父亲。

有时候老天会突如其来地下雨，父亲也不躲，他就一件摩托车用雨衣披着，任雨水从裤腿一直浸湿到膝盖，一直浸成我心里一道心酸的风景。

他说怕走远了我找不到会着急，他说习惯了就无所谓了，其实他是念念不忘唯一的一次"违约"我徒步跑回家伤心欲绝的样子。他还说了什么我都听不进去了，我只是想哭，只是想狠狠地骂自己。我的父亲啊，他为什么就甘愿为儿子一次小小的任性而牺牲自己呢，他为什么就不能早早地转过身子让我也看看他的背影呢，他和我面对面地站着，青春站过去了，激情站过去了，生命也站过去了宝贵的一半，你要知道，我现在是连他死去的头发和苍老的容颜都不敢正视了啊。

父亲在我叛逆的岁月里并没有背叛我，他一如既往地爱我，把我挑衅的攻击轻轻地顶过去，像是顶过千年不遇的洪水。后来我考上了大学，还是一所名牌大学，在我们的小村子里，我一下子成了名人，但父亲及时地站出来用平静的声音回复了那些溢美，他只是悄悄地收拾行囊送我到学校，安顿好了之后我送他到车站。

那次似乎是我第一次送他，也是他第一次主动走到我前面。我看着他微微佝偻的身躯有说不出来的难受，谁知他突然转过身子，对我说："我今天还是不回去了吧。"说着就往学校的方向赶，仿佛儿子的大学是他的大学，于他充满了温和而强烈的归属感。

既然这样，我们便一起参观了传说中的樱花大道和民国时的建筑。每到一处他都努力而贪婪地看着，仿佛要把永久的遗憾和逝去的理想看回来，仿佛要把四十多年似水的年华看回来。我知道，这么多年了，他心中的那个梦并没有死，它还活着，它要化做浪漫樱花在我的大学开放。念及此，我忍不住心痛，为父亲，也为那个兵荒马乱的年代。

那个晚上父亲睡在我的下铺，因为床上的行头只有一套，他就垫着过冬的棉袄和毛毯睡下了。第二天早上我问他："睡好了吗？"他说："还好。"其实他骗我，他根本没有睡着，一晚上我就听见他翻来覆去的声音和深浅不一的叹息。不知道是因为白天发生的事还是因为床板太硬，也许两者都有，都像午夜呼啸的列车，尖锐而来，落寞而去。

现在我上了大学，妹妹在最好的高中做最好的学生。看起来很美，但家里的开支却日渐凶猛。父亲为了我们兄妹俩能够安心读书，竟然拾起了荒废多年的养蜂手艺。他现在很忙，一边要跑信用社的业务，一边要侍弄那群躁动不安的蜜蜂。唉，都四十好几的人了，而且是受人尊敬的半个公家人，却要拼出年轻人的激情，真不容易。

我写这些实际上忽视了他所受到的巨大委屈和折磨，母亲偷偷地告诉我说，哪怕是最熟练的养蜂专家，一天也要被蜜蜂蜇上五六次。她的话终于粉碎了我最初存在的侥幸心理，在学校里看到鲜花盛开我会似乎看到父亲正率领着他的孩子，他的千军万马在不停地忙碌，有些蜜蜂像当初的我一样，背叛他、攻击他，枪击他的手、他的脸、他的鼻子、他的眼睛、他所有裸露在外的黝黑的皮肤，那些毒螯最后穿过他的身体一直刺到我心里，让我感到莫大的恐慌和不安。我甚至一度想到回去接替他，杀死他的蜂王，踹翻他的蜂箱，让它们都他妈的滚蛋。后来却只是劝他带上防护面罩，也没多大作用，养蜂是细活，很多时候要靠眼睛和手感，父亲还是不得不经常端一盆肥皂水在旁边，被蜇了就迅速抹一下，草草了事。我伟大的父亲啊。

前几天看到秦惑写的一句话："父亲是我的致命武器。"一种刻骨铭心的认同感油然而生。我的父亲于我，也是这样。你不知道现在我有多爱他，爱他甚过我的青春，我的理想，甚过我爱的海子和余华，甚至甚过我的生命。我愿意他找个机会狠狠地揍我一顿，弥补我为人子应该承受的痛楚，我愿意为他祈祷、为他折寿几年，只愿他多活几年，让我多做几年孝子。我还要告诉他，如果有来世，我还要做他的儿子，我要永生永世做他的儿子，不同的是，我会尽我所能去爱他。

心灵感悟

人们都赞美母爱的伟大，其实父爱也同样伟大。父爱是寓学于玩的生动故事；是拭泪的纸巾；是广阔的大海；是无边的草原；是三岔路的引路人；是童年回忆中嘻嘻哈哈的玩伴。

请珍惜父亲旷世伟大的恩情，这份情，我们是要用全部的热爱和尊敬、是要用一辈子的时间来偿还的。

牵着母亲的手过马路

星期六携妻儿回家，年近花甲的母亲喜不自禁，一定要上街买点好菜招待我们，怎么劝也不行。

母亲说："你们别拦我了，你们回来，妈煮顿大餐请你们，不是受累，是欢喜呀！"我便说："我陪您去吧！"母亲乐呵呵地说："好！好！你去，你说买啥，妈就买啥。"

母亲年龄大了，双腿显得很不灵便，走路怎么也快不起来。她提着菜篮，挨着我边走边谈些家务事。

"树老根多，人老话多。"母亲这把年纪了，自然爱絮絮叨叨，别人不愿听，儿女们不能不听，哪怕装也要装出忠实听众的样子才行。

穿过马路就是菜市场了。母亲突然停下来，把菜篮挎在臂弯里，腾出右手，向我伸来……一刹那间，我的心震颤起来。这是多么熟悉的动作呀！

上小学时，我每天都要穿过一条马路才能到达学校。母亲担心我的安危，总是要送我过马路才折身赶去上班。横穿马路时，她总是向我伸出右手，把我的小手握在她掌心，牵着走到过马路，然后低下身子，一遍遍地叮嘱："有车就别过马路"。

"过马路要和别人一起过。"

二十多年过去了，昔日的小手已长成一双男子汉的大手，昔日年轻母亲的细嫩软手，已成为一双枯干节深的粗手，但她牵手的动作依然如此娴熟。她一生吃了许多苦，受了许多罪，这些都被她像掠头发一样一一掠开，但对儿女关爱的情肠却永远也掠不去。而她的儿子，却对她日渐淡漠，即使一月半载回来看她，也是出于一种义务，只为了不让别人指责自己不知孝顺、忘恩负义，不只缺乏诚意，更带着私心。

我没有把手递过去，而是伸出一只手从母亲臂弯里取下篮子，提在手上，另一手则伸出来轻轻握住她的手，对她说："小时候，每逢过马路都是牵我，今天过马路，让我牵你吧！"母亲的眼里闪过惊喜，笑容荡漾开。

"妈！你腿脚不灵便，车多人挤，过马路千万要左右看清楚，别跟车子抢时间。家里有什么难事，不管多忙，我们都会回来的。我是您一泡尿一泡屎养起来的呀，你还客气什么？"

母亲便背过头揩泪。

牵着母亲的手过马路，心里有几许感激、几许心疼、几许爱意，还有几许感叹。

我们能够爱幼，但我们却时常忘了像爱幼一样尊老。为人儿女者，当你紧紧握住你的儿女的小手时，也别忘了，父母的老手更盼望着我们去牵啊！

心灵感悟

牵着母亲的手过马路，对儿女来说，这是件再简单不过的事情，但对于父母亲来说，这是心底的一种期待，一种向往，又是一种信任，一种安慰。是啊，"为人儿女者，当你紧紧握住你的儿女的小手时，也别忘了，父母的老手更盼望着我们去牵啊！"

吾爱吾儿

高三那年，父亲被查出直肠癌晚期，住进医院。接到病危通知书后，我不知道父亲还有没有机会回家。

在我收到大学录取通知书的那天，父亲伸出瘦得只剩下皮包骨头的手，将一把钥匙放到我手心说："儿呀，有样东西我本想亲手交给你，可现在只能让你自己回家拿了。"家里为了给父亲治病已经一贫如洗，父亲还能给我什么？

后来，父亲已无法进食，也说不出话，手上的血管再也打不进液体。那天，他"嗯呀"地从喉咙里挤出一丝声音，我凑近细听，听出是"钥匙"两个字。父亲的脸憋得通红，我这才想起他给我的那把小钥匙。父亲睁大空洞的双眼盯着我，张了张嘴，便没了气。

白床单覆盖了父亲的脸，我双腿发软，跪倒在他面前，心脏像被剐成了一片片。父亲走了，我仿佛成了一截无根之木，轻飘飘的，全身虚空。办完丧事，我用那把钥匙打开了父亲的抽屉。抽屉里有个发黄的小木盒，里面放着18个红包。

温暖——让心灵去旅行

最旧的那个红包已变成猪肝色，封皮上有两行模糊的蝇头小字，我认出是父亲的笔迹：儿子，从现在开始，爸爸每年会将从单位领到的新年红包，连同吉祥如意留给你！落款是"1990年正月初八"。那是我出生后的第三天。抚摸着发黄的字迹，我仿佛看到年轻的父亲嘴角含笑，正虔诚地为新生的我写下期许和祝福。

父亲是个温和的人，不抽烟不喝酒。最大的爱好是做饭。每次他炒的菜被我一扫而光时，他便会摸着我的头"嘿嘿"憨笑。虽然父母都是普通职工，收入不高，但日子过得平静幸福。

20世纪90年代末，父亲的单位开始走下坡路。拖了两年，后来连工资也开不了，父亲只好去拉保险。他穿着极不合身的旧西装，提着又大又沉的业务包，脸上堆满刻板的笑。他结结巴巴地跟客户解释保险，紧张得打颤，不停地用手抹脑门上的汗珠。

我抚摸着两个薄薄的、封皮印着保险广告的红包，泪水再次模糊了双眼。如果时光可以倒流，我再不会躲在角落里嘲笑父亲蹩脚的推销。我要大方地走过去，为他拎拎包、捶捶背。

父亲早出晚归，还是拉不到多少业务。春节后，父亲耷拉着脑袋到处找工作。小小县城里活难找，父亲只好去学开车，后来总算在公交公司当了司机。

最后一个红包，是2008年的，装着125元钱。那时，父亲刚动完手术，生命朝不保夕，时时需要救命钱。他不仅没动用这些红包，还从医药费中抠出了珍贵的125元！

平静的日子，父亲将祝福装成红包；贫穷落魄的岁月，父亲将温暖装进红包；生命最后的时光，父亲将希望装进红包。我数了数，18个红包装着5252元钱，读起来正是"吾爱吾儿"！

心灵感悟

18个红包，5252元钱，吾爱吾儿的心愿，是每个父亲心里的语言，即使在重病之中，依然不忘给儿子留下"财富"，浓郁的亲情由此可见。亲情就像是树，每个人都是它的一条根，让它吸收营养，永葆青春；亲情又像是河，每个人都是它的一条支流，让它永不干涸澎湃向前；亲情更像火，每个人都是它的一根木柴，让它永不熄灭，温暖着我们的心。

用对孩子的宠爱对待母亲

母亲日渐老去,越来越像孩子。一生节俭的母亲爱上了吃零嘴,房间的柜子上水果零食不断,看见侄女吃一种新开发出来的小吃,母亲总是尝过后去超市买来一堆。在同一屋檐下的嫂子笑着说:"这婆婆怎么和孩子一样呢?甚至比孩子还要好吃。"母亲笑道:"老了老了,这嘴也就馋了。"

小时候家里没什么吃食,母亲会变着法做些吃的。母亲学着蒸馒头、包包子,隔三差五用自家的石磨推米浆,做软软的发糕,红薯收获时做薯糕,母亲看着我们狼吞虎咽,对我们说:"你们吃,妈妈不饿。"在我成长的记忆里,从没发现母亲独自吃过什么好东西,一个桌上吃饭,母亲大多是吃我们扔下的骨头、留在盘里的鱼头鱼尾,收拾残汤剩菜。

年前母亲检查出了胆结石,开了一大堆药丸,父亲定时交代母亲吃药,母亲皱着眉头嚷嚷:"药太苦,我要就着糖吃。"看着母亲那皱脸上的顽皮样,我们都忍不住笑了,于是好言哄母亲吃药,说等您病好了,买你爱吃的对虾,买成堆的荔枝让你坐在荔枝堆上吃个饱。

母亲一直以来怕打针吃药。一次母亲重感冒,医生说要打吊瓶,母亲一把鼻涕一把泪来我家,说看见那药瓶就怕,有没有不用打针吃药就能把病治好的土方子?我那年仅六岁的小儿,看见奶奶这样,直安慰:"奶奶,打吊瓶一点也不疼的,眼一闭、牙一咬那针就打了。"这场景让我想起小时候,母亲送我去医院,我哭着对护士又踢又打,母亲抱着我劝道:"丫头,不疼,一点也不疼的,病好我们就去买好吃的。"

我和儿子一左一右扶着母亲去医院,护士刚用酒精擦着母亲的手臂,母亲早咬着嘴唇泣不成声了。儿子一边流泪一变拉着母亲的手说:"奶奶,别哭,你乖乖的,护士阿姨就会轻轻的。"这时的母亲变得软弱无力,就像一个无辜受委屈的孩子,备受人关爱的孩子。我摸着母亲的白发,擦拭着她眼角的泪。

想当年,那满头青丝的母亲腿上受伤,缝了十多针也没见流一滴泪;那被野狗咬得皮开肉绽的母亲撕掉衣袖自己包后回家;那伸手不见五指的黑夜,她一个人挑着梨行走十多里去赶集。那时的母亲是如此坚强,好像

第一篇 ◆ 麦子是一首诗

疼痛于己无关，一个女人顶几个男人使。

母亲的胆结石并不见好转，医生建议动手术。母亲又一次来找我求助，用颤抖的手拉着我说："你知道我从没开过刀，刀切破手指还疼得厉害呢，何况要划开我的肚皮。去跟你爸爸说说，以后晚上痛时我肯定不叫，再也不吵他睡觉了，我会记得按时吃药，只要不动手术，让我做什么都行。"母亲怕我不信，抢着帮我做家务，说你看，我什么事也没有。

我说服父亲用保守治疗，对安下心来的母亲说一定要听医生的，不能自行偷偷吃东西，更不能吃大荤大油的东西。母亲嘟嘟哝哝，说那鬼医生这不许吃那不许吃，饿死我好了。我说那行，明日就去手术，母亲吓坏了，低头不出声。

看看孩子回头再看看母亲，觉得母亲更像一个幼儿园的孩子，要人好言哄着，要人发自内心地疼爱着，要人时刻记挂着。把母亲当自己的孩子那样去爱护，搀母亲过马路，带母亲逛街，去父亲那里为母亲讨回公道，看母亲那兴奋如孩童的表情。用宠爱孩子的心去爱母亲，我想母亲应该是幸福快乐的。

心灵感悟

越老越小，当父母的年纪越来越大时，他们的行为却会显得越来越"小"。那是一种返璞归真，是一种沧桑过后的单纯。何必责怪父母"为何不成熟"呢？把他们当成小孩一样宠吧，这正是我们报答他们的最好方式。

父亲的"秘密"

那时，我在镇上一所小学任教，一个小女孩引起了我的注意，几乎没见过她笑。

我去过她家，是一座低矮且昏暗的黄泥屋，她的父亲总不在家，问起她的母亲，她的眼圈立即红了。她的成绩一般，上课不声不响，下课总第一个冲出教室，家长会时，唯独点到她的名字没有家长起来响应……周末又再次来到她家，她总有个监护人吧，我决定耐心地等。

临近中午时，她动手淘米、生火，动作娴熟。她边忙手中的活，边抬头看我，忽然说，"老师，您还不走，中午要饿肚子的。"我有些恼怒，"老师不会在你这里吃，但一定要等到你爸爸。"她显然紧张了，吞吞吐吐地说，"我爸爸不会回家吃饭的，老师您还是先回去吧。"我更加恼怒了，她分明淘的是两个人分量的米。

　　一个瘦小衰老的男子进来时，她轻轻喊了声："爸。"男子见到我，愣了愣，竟径直离开家门，小跑着消失在远处。我吃惊得合不拢嘴。

　　我不再对她抱有希望，同学当中那几个调皮的男孩，却对她有了兴趣，喊她"苦瓜脸"、"腌菜头"。尽管我一再制止，她的眉头还是锁得更深了。

　　可有一天在校门口，我忽然发现她在笑，从那个路岔口拐到校门口，才三点五米远的距离，她笑着走过来，脑袋侧在一边，似乎没有瞧见我，径直从我身边走过。然而，那天的课堂上，她仍旧沉默，课间如过去般一个人将脑袋趴在桌子上。

　　我有些不解，多日后，我在校门口又一次意外地撞见她，她侧着脑袋，脸上的笑容是那么的灿烂。她从我身边经过时，我忍不住叫住她，问她为什么这么高兴？她显得很意外，脸上的笑容瞬间僵住了。循着她的目光望去，竟发现她的父亲正站在不远处，身边有两副担子，她的父亲显然也发现了我，却垂下脑袋假装没看见。

　　那天下课后，我留住了她，严厉地批评她，你是不是觉得你爸在校门口摆摊很丢你的脸，你路过校门口时怎么不喊他声"爸"，你每天第一个冲出教室是不是也因为这个，你知道不知道你这样做其实很伤你爸爸的心？她紧紧地咬住嘴唇，眼泪一个劲儿地淌下，过了半天，她像下了很大决心似的开口，"我爸爸他不会说话，我爸爸在校门口摆摊，我早点回去是为了做好饭等爸爸。"我呆住了，想起她路过校门口时的微笑，那微笑一定是在喊："爸爸。"

　　我将声音放柔，对她说："老师错怪你了，但你也要想一想，你爸爸这么辛苦，他最想看到的是你能取得好成绩呀！"

　　她拼命地点头。从那以后，她的成绩果真直线上升，从班里的后几名蹿到前几名。尽管她还是沉默寡言，可由于她的出色成绩，同学们都常围着她请教问题。她的脸上也渐渐地有了笑容。

　　又一次家长会，每个优秀生都要上台发言几分钟。那天，她拿着事先准备的稿子战战兢兢地走上讲台，声音发颤，"以前不认真学习是看到爸爸工作辛苦，想早早出去挣钱，让爸爸轻松点……本来这次家长会我叫爸爸一定要来，可爸爸始终不肯，他怕别人知道他不会说话，会因此小瞧我，可我要说一声，爸爸，我爱您！"

这时，台下响起了热烈的掌声。我这才明白，她父亲为何一再躲避我，他只是不希望女儿活在他的残疾阴影里，他是何等卑微而伟大的父亲，而她，总为父亲想得多一点，这么小那么懂事，那天盼望我早点回去，定是为他父亲保守"秘密"。他们父女间的脉脉温情路，没有理由不让我泪流满面。

心灵感悟

有多少家长与孩子之间有着这样的秘密？卑微而伟大的父爱的要义译成文字就是：一切为孩子着想。你能读懂父亲那一片温情吗？

一块蛋糕

一块蛋糕放在茶几上的盘子里。

三岁的儿子蹒跚着跑过去，胖嘟嘟的小手一把就把蛋糕抓了起来，紧紧地搂在怀里。母亲笑了，逗他说："儿子，给妈妈吃一口。"儿子迟疑着，半天，才不情愿地把蛋糕伸到了母亲的嘴边。母亲漾起一脸的幸福，刚刚在蛋糕上咬了一小口，不想，儿子却小无赖似的把蛋糕一扔，躺在地上大哭起来，一边哭一边嚷："妈妈坏！妈妈坏！"

一块蛋糕放在茶几上的盘子里。

十三岁的儿子一放学，就把书包往沙发上一丢，冲着在厨房里忙活的母亲喊："妈，饭做好了没？饿死我啦！"然后，儿子就看见了那块蛋糕。想也没想，儿子就像一只饿极了的小狼崽，抓起来狼吞虎咽地把蛋糕填进了肚里，只留下一盘底细碎的渣滓。

一块蛋糕放在茶几上的盘子里。

二十三岁的儿子领着女朋友进了家门，往沙发上一靠，儿子就对母亲说："妈，小梅今天在家里吃饭，做点好吃的吧？"母亲应着，系上围裙就开始忙活了。

儿子和女友头抵着头，一边看电视一边唧唧私语。儿子先看见了那块蛋糕，他用两根手指捏起来，大声问道："妈，这块蛋糕哪儿来的？新鲜吗？"母亲从厨房里探出头，说："刚买的，吃吧。"儿子就掰了一块，塞到了女朋友嘴里。也许是掰的那块大了些，惹得女朋友一阵娇笑。儿子不知道，那块蛋糕是小姨买的，用来庆祝母亲五十岁生日的。一共四块，不想小姨的儿子淘气，一口气就吃掉了三块。

一块蛋糕放在茶几上的盘子里。

三十三岁的儿子领着孙子进了家门。儿子偎在沙发里看着足球赛，孙子则像个淘气的小马驹，在刚刚拖干净的地板上奔来跑去。儿子不停地叮嘱着："慢一点，慢一点，别摔着。"跑累了，孙子就往爸爸身上一靠，撒起了娇："爸爸，我要吃棒棒糖！"母亲抚着孙子的头说："吃糖要坏牙的，还是吃蛋糕吧。"儿子的目光就落在了那块蛋糕上。儿子拿起来，递给了孙子，说："吃这个吧？好吃着呢。"孙子接过蛋糕闻了闻，一下子扔到了地板上，扯着嗓子嚷道："奶奶真小气！买这么小的蛋糕！我才不吃呢，我要吃生日蛋糕！"

一块蛋糕放在茶几上的盘子里。

四十三岁的儿子坐在母亲床头，母亲正挂着吊瓶。好几个月了，母亲就靠这个维持着日子。床头柜上摆满了东西，母亲的目光却散漫地游移着，好像是望向了那块蛋糕。儿子走过去，把那块蛋糕端起来，送到了母亲嘴边。可是，母亲也只能这样看看，已经享用不了它了。因为这场大病，母亲的牙齿早就已经掉光了。

心灵感悟

为何在我们的心里，父母的需求总是摆在最末的位置。是父母教育的失败？是舐犊之情表达的失误？对孩子我们总是那么无私，对父母我们又那么自私。愧疚之心为何总在无法弥补时才会被唤醒？

爸，我改

刘刚是个抢劫犯，入狱一年了，从来没人看过他。

眼看别的犯人隔三差五就有人来探监，送来各种好吃的，刘刚眼馋，

就给父母写信，让他们来，也不为好吃的，就是想他们。

在无数封信石沉大海后，刘刚明白了，父母抛弃了他。伤心和绝望之余，他又写了一封信，说如果父母再不来，他们将永远失去他这个儿子。这不是说气话，几个重刑犯拉他一起越狱不是一两次了，他只是一直下不了决心，现在反正是爹不亲娘不爱、赤条条无牵挂了，还有什么好担心的？

这天天气特别冷。刘刚正和几个"秃瓢"密谋越狱之事，忽然，有人喊到："刘刚，有人来看你！"会是谁呢？进探监室一看，刘刚呆了，是妈妈！一年不见，妈妈变得都认不出来了。才五十开外的人。头发全白了，腰弯得像虾米，人瘦得不成形，衣裳破破烂烂，一双脚竟然光着，满是污垢和血迹，身旁还放着两只破麻布口袋。

娘儿两对视着，没等刘刚开口，妈妈浑浊的眼泪就流出来了，她边抹眼泪边说："小刚，信我收到了，别怪爸妈狠心，实在是抽不开身啊，你爸……又病了，我要服侍他，再说路又远……"这时，指导员端来一大碗热气腾腾的鸡蛋面进来了，热情地说："大娘，吃口面再谈。"刘妈妈忙站起身，手在身上使劲的擦着："使不得，使不得。"指导员把碗塞到老人的手中，笑着说："我娘也就您这个岁数了，娘吃儿子一碗面不应该吗？"刘妈妈不再说话，低下头"呼啦呼啦"吃起来，吃得是那个快、那个香啊，好像多少天没吃饭了。

等妈妈吃完了，刘刚看着她那双又红又肿、裂了许多血口的脚，忍不住问："妈，你的脚怎么了？鞋呢？"还没等妈妈回答，指导员冷冷地接过话："你妈是步行来的，鞋早磨破了。"

步行？从家到这儿有三四百里路，而且很长一段是山路！刘刚慢慢蹲下身，轻轻抚着那双不成形的脚："妈，你怎么不坐车啊？怎么不买双鞋啊？"

妈妈缩起脚，装着不在意地说："坐什么车啊，走路挺好的，唉，今年闹猪瘟，家里的几头猪全死了，天又干，庄稼收成不好，还有你爸……看病……花了好多钱……你爸身子好的话，我们早来看你了，你别怪爸妈。"

指导员擦了擦眼泪，悄悄退了出去。刘刚低着头问："爸的身子好些了吗？"

刘刚等了半天不见回答，头一抬，妈妈正在擦眼泪，嘴里却说："沙子迷眼了,你问你爸?噢,他快好了……他让我告诉你,别牵挂他,好好改造。"

很快探监时间结束了。指导员进来,手里抓着一大把票子,说:"大娘,这是我们几个管教人员的一点心意,您可不能光着脚走回去了,不然,刘刚还不心疼死啊!"

刘刚妈妈双手直摇,说:"这哪成啊,娃儿在你这里,已够你操心的了,我再要你钱,不是折我的寿吗?"

指导员声音颤抖着说:"做儿子的,不能让你享福,反而让老人担惊受怕,让您光脚走几百里路来这儿,如果再光脚走回去,这个儿子还算个人吗?"

刘刚撑不住了,声音嘶哑地喊道:"妈!"就再也发不出声了,此时窗外也是泣声一片,那是指导员喊来旁观的劳改犯们发出的。

这时,有个狱警进了屋,故作轻松地说:"别哭了,妈妈来看儿子是喜事啊,应该笑才对,让我看看大娘带了什么好吃的。"他边说边拎起麻袋就倒,刘刚妈妈来不及阻挡,口袋里的东西全倒了出来。顿时,所有的人都愣了。

第一只口袋倒出的全是馒头、面饼什么的,四分五裂,硬如石头,而且个个不同。不用说,这是刘刚妈妈一路乞讨来的。刘刚妈妈窘极了,双手揪着衣角,喃喃地说:"娃,别怪妈做这下作事,家里实在拿不出什么东西……"

刘刚像没听见似的,直勾勾地盯住第二只麻袋里倒出的东西,那是一个骨灰盒!刘刚呆呆地问:"妈,这是什么?"刘刚妈神色慌张起来,伸手要抱那个骨灰盒:"没……没什么……"刘刚发疯般抢了过来,浑身颤抖:"妈,这是什么?!"

刘刚妈无力地坐了下去,花白的头发剧烈的抖动着。好半天,她才吃力地说:"那是……你爸!为了攒钱来看你,他没日没夜地打工,身子给累垮了。临死前,他说他生前没来看你,心里难受,死后一定要我带他来,看你最后一眼……"

刘刚发出撕心裂肺的一声长号:"爸,我改……"接着"扑通"一声跪了下去,一个劲儿地用头撞地。"扑通、扑通",只见探监室外黑压压跪倒一片,痛哭声响彻天空……

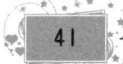

心灵感悟

孩子，永远是父母内心最柔软的心事。这种爱，不仅是脉脉温情，更是无怨无悔，甚至是奋不顾身。爱，让人坚强，让人勇敢，让人无所畏惧。正是这种爱，能唤醒良知，唤起孝心，拯救迷途中的人。

给家里打电话的那八句话

我是个不善言谈的人，对陌生人是，对朋友、对家人也是。

从小店门脸里的、校园路边的公用电话，到宿舍201电话卡，到现在的手机时代，我与家里的通话一直保持着七句话。

第一句：吃饭了没？回答总是吃了，或者正吃，或者是饭正做着。

第二句：吃什么了？如果正吃、没吃，就变化成在吃什么、做什么了。

第三句：多买点肉和骨头、鱼什么的，注意营养。

第四句：天气冷吗？夏天的时候，就会改成家里热吗；春秋就变化成暖和吗、还热吗之类。

第五句：多穿点衣服，别冻感冒了。因季节变化成小心热感冒、别咳嗽了云云。

第六句：家里生意好吗？心里是想知道打电话时家里的生意是处于旺季还是淡季、忙还是不忙的。

第七句：你们多穿衣服别冻着，别太累着。要么就是注意早晚增减衣服、别嫌麻烦，不要心急、买卖损失不要放在心上。

这七句话，如果接电话的是父亲，在听完答案之后，我会加上一句让母亲来接电话；如果接电话的是母亲，也会跟我父亲讲讲。翻来覆去，重复一遍"对话录"，却总能打上二三十分钟。之后，电话结束。

今天，母亲照例是你要好好的，认真上班，努力工作，吃好，买点好衣服穿，这一番例行回答之后，忽然顿了零点零几秒，补充了第八句话：你要自信啊。

这句"要自信"的新鲜词，跟前七句从逻辑关系上显得很突兀，并且从只有小学文化的母亲嘴里说出来，更显得有点幽默的成分。回想起来，是源于上次回家闲聊时，我微词到小时候家里情况不好，以至养成我现在的一些不良小脾气，说了一句比如现在的我就很不自信。当时没在意母亲在一旁若有所思，没想到她竟记下来！

我热泪盈眶。

心灵感悟

再平常不过的八句话，就像一种模式一样，联系着亲人间的关系，正是这八句话表现了相互之间的牵挂。我们曾经以为，这不过是每次一样的例行公事，但父母却把每个字都仔细听，此情此景，让我们感到浓浓的亲情，无比亲切。

给妹妹的信

妹妹，我多么喜欢你。小时候大家都说我们姐妹长得好似双胞胎，尽管后来越长越有差异。你这么美，肌肤晶莹，眼瞳碧清，嘴唇娇红如玫瑰。可是我从来不嫉妒你。我拿我的容貌去交换了另外一些东西，近视、熬夜和粗糙。我多么喜欢你的脸，枕在一个枕头上睡觉的时候，我就忍不住羡慕，却也庆幸。我常常觉得不可思议，竟然有一个人和我有血缘关系。你说要做我婚礼伴娘，我坚决反对，没人会要一个"佳片预告"胜过"新片上映"。

我们短暂相处，长久惦记。在一起的时候，一起读一样的书，散一样的步，你固执去问我的前前男友，为什么要和我在一起。你替我打字，尽管错字很多。没关系。你总是要我介绍好书给你，你问我，你该做什么，该去往哪里。你早熟敏感，爱读书，爱写字，热情也感性，容易感动，容易动心。这些都像我。你比我美，比我年轻，这些使你更危险。你的才华没有及早发现，自己没意识到自己的力量。你的家庭比我更动荡，没人好好管教你。

亲爱的妹妹，我要告诉你的话，这些都来自我心。你必须找到除了爱情之外，能够使你用双脚坚强站在大地上的东西。你要找到谋生的方式，现在考虑不晚了。我从来不以为学历有什么重要，天才都不是科班，但是，不是科班，连龙套都跑不了。

你必须把那些浮如飘絮的思绪，渐渐转化为清晰的思路和简单的文字。华丽和漂浮都不易长久。我认为好的写作是在三千汉字之内，简单才是美。你要知道，仅给予文字阅读快感是不够的，内容，思想，境界，灵魂，精神和智慧，这些才重要。

不要多看那些和你一个路数的女作家的文字。不要琐碎、无病呻吟。不要想到什么就写。不要流于小感伤和小感动，去拿心接触悲痛、深刻、厚重，要舍得自己。去看看那些名著，他们出名，被时间洗刷且留了下来，有他们的理由。去听听这个时代和过去的时代中，真正美而有力量的声音。必须转变，别在同样的东西上面停留太久。

妹妹，我要你相信温暖、美好、信任、尊严、坚强这些老掉牙的字眼。我不要你颓废、空虚、迷茫、糟践自己、伤害别人。我不要你把自己处理得一团糟。节制自己的感情，不是任何人都能要。体验生活是另外一回事，并不意味着堕落和放纵。千万不要认同那些伪装的酷和另类，他们是无事可做的人找出来放任自己无事可做的借口。真正的酷是在内心。你要有强大的内心，要有任凭时间流逝，不会放弃和屈服的信念。

不是因为在象牙塔中，才说出我爱世界这样的话。

是在知道外面的黑、脏、丑陋之后，还要说出这样的话。

妹妹，好好去爱、去生活。青春如此短暂，不要叹老。你的青春还未正式开始。或许，我给了你一个坏榜样。好吧，从此刻起，我再也不叹息我心境老。还没开始奔跑，怎么就好喊累？你现在所做的一切就是攒足劲儿，准备起跑。可以停下来休息片刻，但是别蹲下来张望。走上一条路的时候，记得别回头看。

时不时问问自己：自己在干吗？

伤心和委屈的时候，要号啕大哭。哭完洗完脸，拍拍自己的脸，挤出一个微笑给自己看。不要揉，否则第二天早上眼睛会肿。

给自己制订一个远大的前程和目标。记得常常仰望天空。记住仰望天空的时候也看看脚下。我是不是嘴巴碎唠并且励志得没创意？嗯，我也这么想。但我还要说。

任何时候，任何人问你，有过多少次恋爱，答案是两次——一次是他爱我，我不爱他。一次是我爱他，他不爱我。好的爱情永远在下一次。

别给同一个男人两次伤害你的机会。别相信床上的誓言。别看重处女，但保持纯洁。不要为欲望羞耻，好好享受，但绝不要忍受男人的侮辱和怠慢。相信我，妹妹，男人多的是，比三条腿的青蛙多得多。别轻易说出"爱"，相信你的直觉。不要招惹别人的男人，除非你非常非常爱他，并且，他非常非常值得爱。不要招惹寻找与前女友相似、和他母亲或姐姐相似的女人的男人。不要招惹浪子、文艺青年和中年男子。别招惹太清纯的男人。别和没心没肺的人在一起。别把犯贱当真爱。一个男人作践自己来取悦你的时候，千万不要因此感动。这个烟头烫在他身上，下一个就可能烫在你身上。看看一个男人的朋友们是什么样的，注意他的朋友们对待女人的态度。还有，千万别相信一个不准备将你介绍给他的朋友圈子的男人。一个男人只肯喊你"宝贝"的时候，坚持要他喊你的名字。一个男人不再来找你的时候，就不要再去找他。不要相信在恋爱上用手段的人。分手时不要口出恶言。吸取教训，但不要后悔。后悔没有用。

别干撕照片、烧信、撕日记这样一类三流爱情电视剧中才有人干的事。

相信爱情。相信好男人还存在、还未婚、还在茫茫人海中寻觅你。别说"男人没一个好东西"这样使别人误以为你阅人无数的话。

要保护好自己，千万记住。对某些人来说，你不必珍惜，但对我们来说，你是珍贵的。请你知道，宝贝，伤心的时候，要回家，要给我打电话，要跟周围人说，不要闷在心里。要知道你不缺乏爱，有我们在。

照镜子的时候，一定要微笑，跟自己说，我很可爱。如果别人批评你不够性感，要厉声回答他："总有人理解性感，和你不一样！"

答应我，永远不要去做那种午夜背着行李，从一个男朋友家，流落到另一个男朋友家的女人。要运动，要健康，不懒惰，不吸烟。不要晚睡晚起。我跟你说的这些，虽然我未必能做到，……嗯，我也会努力的！最近，我就开始整理书桌，已经大有改观。

爱物质，适当地。永远知道精神更重要。比起那些名表、名牌、时装，更加美丽的是你自己。顺父母心意，但有自己的想法。不要盲从，任何事都问问自己到底怎么想。有想法要大声说出来。读哲学、科学、心理学，一些你以为枯燥的书。知道这世界的基本规则和常识。多听听好的音乐，看好的电影和画。爱心中的艺术，但不是艺术中的自己。

别瞧不起劳动人民。不要为劳动羞耻。土地不脏，汗味不难闻。请尊重那些似乎生活状况不如你的人，因为这样才是尊重自己。永远体恤那些生活在底层的人们，因为我们的亲人就是在这些人群中。我们不娇贵。

不要小看一分钱，不妨自己去挣挣看。

口袋里有钱的时候，别拒绝任何一个乞丐。我们不是施舍给乞丐，是施舍给比我们困难的人。那些伪装的乞丐，也在乞讨的时候，具备了乞丐的心情。"给"比"拿"快乐。

不管多么累，公车上要给老人和孕妇让座。不过不要像我，上次给一孕妇让座，然后跟她攀谈，因太过于专业，她疑惑地问我："啊？你生过啦？"

交好的朋友，像我喜欢晓微那样。被朋友伤害了的时候，别怀疑友情，但提防背叛你的人。原谅，但并不遗忘。

做人存几分天真童心，对朋友保持一些侠义之情。

要快乐，要开朗，要坚韧，要温暖。这和性格无关。

我担心你太低调，有时要强悍一点，被欺负的时候，一定要讨回来！但是不要记恨。小人之见，随他们去好了。怜悯，会使你高贵。

要原谅这世界和自己。要告诉自己，我值得拥有最好的一切。

最后记得你比我幸运的一点，你有这么好的姐姐劳累了一天，午夜硬睁着惺忪睡眼给你讲大道理，我就没有！如果你不幸福，你对得起谁？

心灵感悟

这些话，句句箴言，人生道理深入浅出，一片深深姐妹情谊表露无遗。在我们的人生路上，总有人充当我们的导师，珍惜过来人的忠告，把它当成学习的机会，人生路就会更顺畅。

那难道是谋生的办法吗

我的儿子是一个艺术家。

爸爸从来也不明白我对职业的选择，现在我知道为什么了。

每个家庭都有它自己不为外人所知的可笑之处。我们家逗乐的事是：

爸爸不知道为了生活，我究竟做什么工作才合适。

爸爸是一个卖肉的。他的父亲、叔叔和哥哥也都是卖肉的。他自己娶了一个从前在那儿工作过的肉店的出纳员，她的哥哥也全都卖肉。我出生时，妈妈发誓说我可以做任何我想做的工作，但就是不能去卖肉。

我还是个孩子时，整天画画。像所有别的男孩子一样，我画的大多是飞机，就因为我喜欢瞎画，妈妈决定让我上艺术学校。从此每天早晨，我都要乘一个半小时的火车去上学。

我的儿子是个艺术家，我爸爸每每自豪地向他的顾客们介绍我。上高中时，我每个星期天都在他的肉店里帮忙。因此，我爸爸理所当然地想：等我将来毕了业，他就把这个肉店让给我。当我宣布我获得库珀联合艺术学校的奖学金，并且要继续我的艺术训练时，爸爸大吃一惊，他突然意识到我把艺术这个东西看得很重。他告诉我说："卖肉、卖杂货、补鞋，这些都是谋生的好办法。尤其是卖肉，因为人人都要吃才能生活下去。艺术家会——会挨饿的！"

他嘟嘟哝哝地说。

10年之后，爸爸把肉店卖了，退休了。我那时是《生活》杂志的艺术指导。我结了婚，而且有了两个孩子，于是就搬到郊区我新购置的新房子里去住。爸爸来看房子时，我注意到他脸上有一脸困惑不解的表情。他不懂，一个艺术家怎么能让他的两个孙子吃饱穿暖。

我知道他为我感到自豪。每个星期，爸爸总要买一份《生活》杂志。每个星期，他都要打电话问我："这个星期你在杂志里画了什么？"我告诉他我什么都不画，我只设计版画，摆照片，挑出铅字样。听了我的回答，爸爸总是自言自语，我不知说了些什么。

1972年，《生活》杂志停刊了，当我正在家里看关于这家杂志倒闭的新闻报道时，电话铃响了。我知道爸爸打来的。费了好大的劲，他终于说出来了："如果你是个卖肉的，你现在就不会没有工作做。"他设法说得很轻，但我知道他的意思；而且，实际上我很高兴听到这样的话。我从来也没有像此时这样爱我爸爸，不知为何，它意味着我的世界仍完好无损。

"你记得怎么割肉吗？"他问我。

"记得，爸爸。"

"你知道，人人都要吃肉。"

以后12年，我一直担任一家出版公司的艺术指导。每个月我爸爸都接到我寄去的我们公司出版的二十几本书。他打电话告诉我，他多么喜欢封面上我画的画。我没有再向他解释我只设计封面，然后把它交给别人去画。我接受他对我的赞扬，感谢他对我的关心。他又可以向邻居们展示和炫耀的图书就行了。

以前，是爸爸不知道为了生活要我做什么工作才好。几个月前，我们家这个逗乐的事又尖锐地摆在我的面前。我28岁的儿子从洛杉矶给我打电话。在那儿，他是一家大新闻社的代理人。他刚刚从和他们新闻社竞争的一家公司得到一份俸禄优厚的聘请。他想听取一下的意见。但我认识到我对他所做的工作并没有足够的了解，不能给他提什么建议。

我记起8年前他从学校给我打电话，说他想干服装表演这一行。我像通常一样咕哝地说："这是你的生活，由你决定。"但等我挂了电话，我转过身对我妻子说："服装表演？难道那是谋生的方法吗？为什么他没有选择医学、法律或机械呢？""或者去卖肉。"我妻子说，"人人都要吃呀！"

我儿子的选择一定很正确。我第一次参观他的办公室时，我所看到的给我留下了极深刻的印象。他的秘书打扰他，问他是否能回这个人或那个人的电话，她说的名字都是任何人听到之后马上能想起来的，当时，我曾想这个小家伙只不过是给我装装样子。这时我发现我儿子盯着我，而且我肯定他也看到了我曾在我爸爸脸上看到过的同样的困惑不解的表情。

那种强烈的、处于痛苦之中的爱，使一个人对他的孩子多少有些害怕。这个孩子连自己的袜子都捡不起来，怎么能把那么重要的事情委托给他呢？

将来有一天，我的儿子的儿子会告诉他爸爸，他一生中要选择的一个职业。我知道我儿子会这么想："那难道是谋生的办法吗？"他会给我打电话，那我就对他说："告诉他当一个卖肉的，人人都要吃。"

心灵感悟

每个人都将在成年后选择自己的职业。很多人不知道自己究竟做什么工作才合适。而父母的建议一定会摆在面前，供你参考或采纳。但是你必须记住，他们的愿望非常善良和诚恳，却不一定适合你。但不管怎样，我们都应该去理解饱含在这其中深深的关心。

第二篇 童年的那双眼睛

有一首歌这样写道:"曾经有朋友才是最大的安慰,真情会让世界变得无所谓,也许有疲惫,也许有伤悲,但会有人与你共进退,朋友是世上最珍贵的宝贝,珍惜每个心与心的交汇,也许有疲惫,也许有伤悲,但有真情将你我包围。"朋友不是弱者面对困难时抱在一起的呻吟,而是并肩面对暴风雨时一起的呐喊、一起开创新的征程……虽然暂时分开了,或有了隔阂,或有了矛盾,但在心里,彼此永远都是最好的兄弟,希望有重逢的那天,忘了或许的痛,或许的伤心,或许的快乐,好像什么都不存在了,心中只记得两个字——朋友。

旧友的水酒

有一个富翁，年轻时家里很穷，他的父母都是农民，他从小就生存在一种饥饿和窘迫之中。节日的花衣服、过年的压岁钱、喜庆的爆竹、父母的呵护……这些本该属于孩子的专利，都统统与他无缘。

最使他难忘并终生感恩的是小伙伴们对他无私、真诚的帮助和呵护。只要小伙伴手里有两块糖果，肯定就会有他的一块；伙伴手里有一个馍馍，那肯定有他的一半。在贫穷和饥饿之中，还有什么比这更宝贵的东西呢？

一眨眼30年过去了。在这段时间里，世界上的许多事情都变了模样。此时，富翁步入中年，外出闯荡的他已今非昔比。30年的奔波劳碌、摸爬滚打，算计别人也被别人算计，富翁一路风尘地走过来了，成为一个稳健、精明、魅力非凡的企业家。有一天，少小离家的他动了思乡之念，于是，在一个艳阳高照的日子里，富翁回到家乡。当日，他走遍全村，感谢叔伯大爷、兄弟姐妹这些年来对父母的照顾，并每家送了一份礼品。夜里，富翁在自家的堂屋里摆桌请客。赴宴者全是从小光着屁股一块儿长大的玩伴，他们自然也是四十几岁的中年人了。

按照那里的风俗，赴宴者都要带点礼品表示谢意。大家来的时候，都带着礼品，有的还很丰厚。富翁令人一一收下，准备宴席之后，请大家带回。当然，还有自己馈赠的礼品。正在大家热热闹闹、布菜斟酒的时候，门开了，一个儿时旧友走进门来，他的手里提着一瓶酒，连声说："对不起，我来晚了。"

大家都知道这个朋友日子过得很艰难，其情其境，一点儿不亚于富翁儿时。富翁起身，接过朋友提来的酒，并把他拉到自己身边的座位上坐下，朋友的眼里闪过一丝不易觉察的慌乱。

富翁亲自把盏，他举着手里的酒瓶，说："今天，我们就先喝这一瓶酒，如何？"一边说，一边给大家一一倒满，然后他们一饮而尽。

"味道咋样？"富翁问，所有赴宴者面面相觑，默不作声。旧友更是面红耳赤，低下了头。

富翁瞧了一眼全场，沉吟片刻，慢慢地说："这些年来，我走了很多地方，喝过各种各样的酒，但是，没有一种酒比今天的酒更好喝，更有味道，更让我感动……"说着，站起身，拿起酒瓶，又一次一一给大家斟酒，"再干一杯。"

喝完之后，富翁的眼睛湿润了，朋友也情难自抑，流泪了。

他们喝的哪里是酒，分明是一瓶水啊！

心灵感悟

世界上还有比这更感人的场面吗？还有比这更宝贵的东西吗？朋友不以贫穷自卑，提一瓶水也要去看看儿时的朋友；发迹的富翁不忘旧情，不以为忤，反而大受感动，情不自禁，以至下泪，这瓶"水酒"真的是含着重如泰山、穿越世俗的真情啊！所以，当我们身边的人，在人生路上遇到艰难，陷入泥泞之时，朋友，请伸出你的手来，把你的温暖、关怀送给他们，把真情送给他们，他们将因此而充满笑迎风雪的勇气和力量……

真情，是人世间永远的太阳！

这瓶水酒，只有真正用心去喝才能喝出它的情义。朋友，是一辈子的。人常说：滴水之恩，定当涌泉相报。不图有报，只希望身边的朋友能够感受到自己的温暖。困境中的人、伤心的人，拥有一朵花，感觉也是拥有了整个春天。所以，只要你向他献出一片真情，那么你的心就给了另一颗心一座真正的天堂！

同桌的笑脸

同桌管非，是我们班成绩最好的男生，却也是最调皮、故事最多的一个男生。

大概是受了罗大佑歌曲的影响，他的语言总是"知知知知知，乎乎乎乎乎，者者者者者，也也也也也。"他时常在下课时，拿着一个苹果或是一袋饼干，逢人便问："吃乎哉？吃乎哉？"没等你反应过来，他又笑嘻嘻地说："不吃也！此乃小生充饥之物，非他人可食也。"

一次，我们组织参加社会考察。在汽车上，突闻管非大喊："老师，我要到五谷轮回之所。"教数学的班主任乍一听，愣住了。

温暖——让心灵去旅行

青春励志

"你要去哪里？"

"五谷轮回之所啊。"

"什么'五谷轮回之所'？"

"人吃五谷，终有轮回。所谓'五谷轮回之所'，指的就是厕所啊！"

班主任和我们都笑得人仰马翻。

管非还有一个爱好和特长，就是抓苍蝇。只要有苍蝇飞过，他就不可能不精神抖擞、斗志昂扬……一天下午上政治课，天气热，大家都有些昏昏欲睡，可他却非常精神，因为有一只苍蝇正好飞在他靠着的墙上！

只见他伸出右手，慢慢地向苍蝇靠近。我们早已没了听课的心思，全都屏息凝神看他如何把苍蝇抓到手。我们看了不止一次了，但百看不厌，我们简直不知道苍蝇究竟长不长眼睛，如果长的话，那么他管非的手每回向它靠近的时候，它们为什么总像大傻瓜似的。

管非的手掌慢慢地向苍蝇靠近。

"精彩！"一声大喊，吓我们一跳，定睛一看，知道是谁喊的吗？是我们的政治老师！政治老师说："管非同学，久闻你抓苍蝇神力莫测，今日大饱眼福。愉快哉！幸福哉！"

那些都是一年前的往事了。管非现在去了新西兰，听说仍是他们班的"风流人物"，也许他天生就是一个不安分的人。

每次写信回来，他都会在信末画一个像小新那样的头，跟他又有几分相似，再附一句话："不要老看人家，脸会红红的啦！"

呵呵，倚在窗前，看着蓝天，总想着管非在大洋彼岸的样子，总之，挥之不去的总是他的笑话，他的抓苍蝇手法，还有——忘不了他那张笑脸！

心灵感悟

校园是一片净土，在集体熔炉里锻造出来的同学之情是纯真无私、没有杂质和功利、为人所珍视的。回味流光溢彩的金色年华，会使人变得年轻向上、朝气蓬勃。同学就是同学，纯真的友谊天长地久！高兴了随意给同学打几个电话，发一条俏皮的短信，不管你是三十、四十、五十或六十岁，这时都掩饰不住那久违的童真。时间在一分一分地逝去，青春在一天一天地度过，愿你珍惜这一分一秒的青春，去追求、去探索、去感悟……

52

沉默是金

他念初三，隔着窄窄的过道，同排坐着一个女生。她的名字非常特别，叫冷月。冷月是个任性的女孩，白衣素裙，下巴抬得高高的，有点儿拒人千里。冷月轻易不同人交往，有一次他将书包甩上肩时动作过大了，把她漂亮的铅笔盒打落在地，她拧起眉毛望着不知所措的他，但始终抿着嘴没说一句不中听的话。

他对她的沉默心存感激。

不久，冷月住院了，据说她患的是肺炎。男生看着过道那边的空座位上的纸屑，便悄悄地捡去扔了。

男生的父亲是肿瘤医院的主治医生，有一天回来就问儿子认识不认识一个叫冷月的女孩，还说她得了不治之症，连手术都无法做了，唯有等待，等待那最可怕的结局。

以后，男生每天都把冷月的空座位擦拭一遍，但他没对任何人透露这件事。

三个月后，冷月来上学了，仍是白衣素裙，只是脸色苍白。班里没有人知道真相，连冷月本人也以为诊断书上仅仅写着肺炎。她患的是绝症，而她又是忧郁脆弱的女孩，她的父母把她送回学校，是为了让她安然度过最后的日子。

男生变了，他常常主动与冷月说话，在她脸色格外苍白时为她倒来热水，在她偶尔哼一支歌时为她热烈鼓掌。还有一次，听说她生日，他买来贺卡动员全班同学在卡上签名。

大家议论纷纷，相互挤眉弄眼说他是冷月的忠实骑士，冷月得知后躲着他。可他一如既往，没有向任何人透露一点儿风声：因为那消息若是传到冷月耳里，准是杀伤力很大的一把利刃。

这期间，冷月高烧过几次，忽而住院，忽而来学校，但她的座位始终被擦拭得一尘不染，大家渐渐已习惯了他对冷月异乎寻常的关切以及温情。

直到有一天，奇迹发生了。冷月体内的癌细胞突然找不到了，医生给她新开了痊愈的诊断，说是高烧在非常偶然的情况下会杀伤癌细胞，这种概率也许是十万分之一，纯属奇迹。这时，冷月才知道发生的一切，才知道邻桌的他竟是她的主治医生的儿子。

冷月给男生写了一张条子，只有六个字：谢谢你的沉默。男生没有回条子，他想起以前那件小事上她的沉默……

心灵感悟

我们真的需要互相理解。有的时候，我们一点不经意的小小善意，就会给别人带来巨大的感动。我们四处播撒这种感动的种子，人世间就会充满爱，我们身在其中，也能感觉得到温暖。文中的冷月在那次沉默时可能并没有想到太多，只是为了不让男孩太难堪而已，而她却收获了意想不到的很多的东西，包括生命。这种感情，会让人珍藏一生。

网虫奇缘

鸣是个不折不扣的网虫。

每天放学一回家，第一件事就是脱鞋、扔书包——最多耗时5秒，然后就上网。一上网就是三五个小时，饭也不吃，难怪长得皮包骨头，成绩也不好。不过，鸣能如此自由，全得自于他父母一年四季都忙着在外做生意，不能回家。

鸣熟练地敲着键盘，右手握着鼠标，开始寻找今天的聊天对象。他选中了一个叫"气包"的人。

馒头（鸣的网名）：

Hi包子，干吗"充气"呢？

包子：

你好！不瞒你说，今天上课时，我那同桌又在骂我了。其实我一直想和他搞好关系，但他似乎天生对我有敌意，什么事都和我作对，每次我都忍。这不，就成了"气包子"了。

馒头：

那你就不要对他好了嘛！反正好心没好报。

你不知道，我不想把我俩的关系搞僵，真的不想。大家毕竟是同学嘛。唉，谁让我是一个心胸宽广、为人大度的正人君子呢？

又聊了一夜，鸣觉得"包子"这人很有趣，于是在通讯录上记下了"包子"的E-mail信箱。

第二天，鸣又迟到了，都是因为昨夜聊得太迟，被老师批评一顿后，匆匆回到座位，见旁边的枫又是一本正经地在朗读，鸣心里不服气，偷偷骂着："假正经！"

枫是个有点缺陷的男孩，右边耳坠处的一块肉不翼而飞。鸣常笑他是霍里菲尔德二世，一不高兴就骂他的耳朵是被狗吃了的。对于鸣的嘲笑，枫常常不理不睬，仿佛不想为自己辩解似的。对于枫的沉默，鸣认为是"不言战术"，就是故意不反对，让你觉得自己在放屁，气死你。鸣可没那么笨，每当这时，他就说，别以为自己的名字和流川枫有一字相同，就学流川枫。哼，也不看自己什么样，装酷！不知为什么，鸣对枫有一种莫名的讨厌，在他看来，枫是个丑陋、自大、无耻的家伙，他最讨厌这种人了。

小馒头：

我又"充气"了。快炸了，速回信件。

可怜的包子

包老兄：

我今天也继承了你的光荣传统，充了一肚子气，也是因为那死同桌，现在我们是半斤八两。

与你同甘共苦、风雨同舟的馒头

唉！别说那么肉麻行不行。好了，我们不谈这些不开心的事了。谈别的，比如你的成绩如何？你的理想是什么？

黑包公好包子：那你先说吧。

旺仔小馒头：好……

又过了一夜，通过这次交谈，鸣发现"包子"不但善解人意，而且有远大的理想。反之，发现自己什么也没有，空虚虚的，像根木头。暗下决心要努力学习，向"包子"看齐。

第二天，鸣起了个大早，匆匆跑去学校，终于没迟到。不料，枫来得更早，又在朗读，鸣开始怀疑枫是不是晚上在教室过夜了。不久，鸣就支持不了了。终于，在第二节课上，进入了甜美的梦乡。枫用手拍了一下鸣，不巧正好被老师发现了。于是，一下课鸣就"办公有请"去了。免不了一场暴风雨。

"不经历风雨怎么见彩虹"呢!鸣气冲冲地走出办公室,回到座位,见枫在一旁若无其事地看书,心中的怒火终于爆炸了,一下子就和枫吵了起来。

他认为:如果枫不拍他,老师就不会发现,而枫拍他,正是为了让老师看见。当鸣骂枫"烂耳朵"时,枫突然一下子不说话了。鸣心里一惊,知道自己不该这样骂,但又不肯道歉,一场风雨就这样出人意料地停息了。

一回到家后,鸣给"包子"发去了一封E-mail。上面写着:

包子:

心情还好吗?祝:今天没充气!

小馒头

不知怎的,自从这次跟枫吵架后,鸣的心情一直不好。以前怎么从来没有过,是因为枫的那个"急刹车"?还是因为枫当时失落、莫名的眼神?

隔了好一会儿,"包子"才发回了E-mail,上面写得密密麻麻,鸣顿时感到有些不对劲儿。

馒头:

认识你很高兴,我把你当成我唯一的朋友。

我是个有点缺陷的男孩——耳朵上少了一块肉……

读到这里,鸣大为吃惊,连忙往下看。

那是个春光明媚的日子,我一个人骑单车去郊外写生。我在林子里画画,突然听到一声尖叫。我先是感到奇怪,既而又猜测是不是有人出事了。于是我收起画笔,向声音传来的方向走去。我找了好久也不见一个人。忽然,我猛地一回头,看见不远处有个不高的男人抱着一个约五六岁的小女孩儿。小女孩儿身上绑着绳子,嘴里还塞着一块布。我立刻意识到这是一起绑架案,由于强烈的正义感,我决心救出小女孩,于是,悄悄地跟踪绑匪。当我离绑匪只有三四米时,我猛地冲上去,一下子扑倒了绑匪。小女孩儿滚到了一边。于是,我和绑匪便打了起来。由于绑匪个子不高,力气也不很大,他渐渐处于下风了。

这时,他猛地从腰间抽出一把匕首,说时迟,那时快,他一下子扑过来,用匕首刺向我的头部。我连忙一闪,匕首正好在我耳朵上划了一道弧线,我只觉得耳朵和头部很热很胀,像被火烧似的。我疯了,不顾一切地冲过去,乱打起来,绑匪被吓着了,冷不防,我一拳打到他脑后,他晕了过去。我蹒跚地走了几步,便头昏脑涨,也晕倒在地,后来是小女孩儿叫人来救了我,但我却成了半个耳朵,我不愿将此事公布出去,便一直瞒到今天。你是第一个知道这隐秘的人,也请你保密。可我的同桌却常常取笑我,骂我'烂耳朵',我很难过,我到底做错了什么?就拿今天来说吧,他上课睡觉,我好心叫他,不慎被老师发现,他却怪我,我真不知道我为什么那么令人讨厌。

小馒头,我的好兄弟,我真的那么令人讨厌吗?

无助的包子

鸣的眼睛湿润了。心中像刀绞一般,他不知道该怎样面对"包子",面对枫。他觉得自己好无耻、好卑鄙,用所有的贬义词都无法形容他的坏。他狠狠地给了自己一个响亮的耳光,然后用颤抖的手敲击着键盘:

包子:

你的同桌会对你好的。

馒头

不等"包子"问为什么,鸣便匆匆和"包子"说了"再见"。

第二天,鸣又迟到了,这回当枫问他为什么迟到时,鸣不再生气了,他不好意思地笑着说:"嘿,嘿,睡过头了。"

晚上回家后,鸣看见了"包子"发来的E-mail,上面写着:Thank you!馒头。

心灵感悟

网络的出现,使人们的生活发生了巨大的变化。充满了神奇的网络已经成了许多青少年的最爱。小小的屏幕和键盘,让素不相识的人穿越千山万水结为知己。更重要的是它拉近了心与心的沟通,网络这个完全虚拟的世界是放松自己最佳的场所,让人们可以敞开心扉,做最真实的自己。

在现实生活中,我们缺乏沟通导致对对方产生了误会。在网络中,我们畅所欲言。网络,在"虚拟"与"现实"之间搭建了一座直通内心的桥梁。让人们放飞心情,找到了共鸣。

不过,网络像一把双刃剑,有利也有弊。随着网络的发展,很多有关网络的道德问题也随之出现,我们还是应该正确把握网络的利弊,避免陷入网络而不可自拔。

睡在我下铺的兄弟

那首歌叫做《睡在我上铺的兄弟》，这我知道，我并不像你想象的那样粗心。本来，我是不打算像现在这样弄得似是而非的，但事实如此，事实上梁伟就睡在我下铺，我自己睡的才是上铺。这一点无可更改。如果这篇文章是梁伟为我而写的，当然可以做到其题如歌，但是梁伟从来就不写这些玩意儿。当然，梁伟也提过一次笔，那是今年6月底的事儿了。当时，最后一门课程刚考完，大家都忙着过大学的最后一个暑假。我也先走了，梁伟还有些事情要处理，事情与那篇东西有关。

暑假是炎热的，暑假也很漫长。

暑假过后的我风尘仆仆赶到学校时，这时候梁伟已人去床空。只有他写的那篇悔过书仍在我眼前飘飘荡荡。那是篇感人的文字，我很少被那样感动过。可是没有用，他仍然被学校劝退了。一去之后梁伟就没有再回来。

我没有能见到他的离开，现在他的情形也一样不为我所知。只有3年来一起走过的日子，仍在我记忆里流动不息。

他虽然还真实地在中国的一块地域上生活着，但是在我心上却只有一点记忆才与他相关。我知道很久以后，随着时间的推移，这点记忆也终将凋零。我只能趁现在，将时光还未能冲淡的往事采撷一些，勾勒出当初的轮廓。

我仿佛听见老狼苍凉的歌声在耳边响起："睡在我上铺的兄弟，睡在我寂寞的回忆……睡在我上铺的兄弟，分给我烟抽的兄弟……"是这样啊，睡在我下铺的梁伟也不止一次分给我烟抽，虽然我其实不大抽烟。到现在，大多数细节我都已忘记，最后的一次却印象深刻。那也是6月下旬的事儿了，当时《系统工程》刚考完，四处人心惶惶。好些同学算计着要拜访老师，有两人还凑钱买了条云烟送去，两人中就有梁伟。但是很快烟就被老师给退回来了。梁伟很无奈。那几天他口袋里除了云烟，还是云烟，我虽然不大抽烟，却也时不时叼上那么一支。不久传出的消息说，那门课程大家全PASS了。梁伟再抽烟时，眉目间就很欣慰，说这几包烟全是赚的了。后来，同学中一个老烟枪声称品出这烟并非正宗，梁伟淡淡地笑了笑，也没说什么，只是发烟比以前更勤了一些。

没等到我品出香烟的正宗与否，梁伟就出事了，因为3天后他在本学期最后的那堂考试上作弊而被学校作了开除处理。我不想说梁伟那样做是不是糊涂，我自己也并不比他更清醒。我只是听说事情又并不像表面那么简单，据说其间还涉及几个老师的一些幕后恩怨，梁伟偏巧撞上，自然做了牺牲品。

我始终没能证实是不是真有那些恩怨。事实上它们真实与否也已经无关紧要了，真实的是梁伟确确凿凿已经离开，真实的是他虽然还在中国西南的一块地域上生活着，但在我们心上已只有一点遥远的记忆才与他相关……

曾经柳昏花暝的苏堤依旧，那一顷如碧玉般的湖水还能记得我们留下过多少次清澈的划桨声吗？

承载着凄怨爱情故事的断桥依然，他那位从南京大学带来了全班一半女生的好朋友，什么时候会从相集里翻出记录了我们和那两位女孩定格在美丽传说里的身影呢？

那曾经灿烂地开满绍兴东湖的桃花，还能想起那个春季雨后的空气里撒落了多少我们尽情的欢笑吗？还有古老的乌篷船上那位老船工，你还会把微笑送给这几位远来的戴着旧式毡帽的学子吗？校园宿舍走廊上的灯光永远这样地昏黄，跳动不安的蜡烛的光焰还是一样偶尔会将丝质的蚊帐舔出一两个不小的窟窿，曾吸引过我们痴醉目光的武侠小说和俄罗斯方块的掌中游戏机，还会牵挂这个有着一张娃娃脸的年轻人吗？

从今以后，在午夜宿舍热热闹闹的话题里，谁又会惦念着不会再有的以往那个有点散漫却又无比亲切的声音呢……下铺的席被卷着，梁伟没有带走它们，他自己却也不会再来。他的所有书籍已无法找到，也许带走了，也许是烧了，只有他自己知道。他将他买了不多久的台灯搁在了我的上铺……

长夜难眠，我现在就躺在这块横亘上下铺之间的床板上。我很想念这位在我下铺睡过3年现在却离开了我的兄弟。我知道这一生我都很难再见到他了。在长夜里，我无法遏止自己的思念。

心灵感悟

求学时代无疑是人生最值得回忆的，因为在这个阶段，你的生活是现实而且充实的。在这里你可以尽情地享受青春的气息，去阅读青春的哲理。同时你可以结交一生的朋友，而这种友谊是人世间最单纯和永恒的。所以请你珍惜现有的一切，因为这段时光也是转瞬即逝的。请珍惜这份友谊吧，因为人世间再没有比这更厚重的了。

童年的那双眼睛

这次回鄂西老家，总想着找一找阿三。阿三是我小学高年级的同学。记得有一个学期，班主任分配阿三和我坐一位，让我帮助阿三学习。阿三很用功，但学习成绩一般。他很守纪律，上课总是把胳膊背在身后，胸脯挺得高高的，坐得十分端正。

阿三年年冬天冻手。每当看到他肿得像馒头一样厚的手背，紫红的皮肤里不断流着黄色的冻疮水时，我就很难过。有时不敢看，一看，心里就酸酸地疼，好像冻疮长在我的手背上似的。

"你怎么不戴手套？"上早读时，我问阿三。"我妈没有空给我做，我们铺子里的生意很忙……"阿三用很低的声音回答。阿三说话的声音很好听，带着女孩子似的腼腆和温存。

知道这个情况后，我曾几次萌动着一个想法："我给阿三织一双手套。"

我们那时的十三四岁的女孩子，都会搞点简陋粗糙的针织。找几根细一些的铁丝，在砖头上磨一磨针尖，或者捡一块随手可拾的竹片，做4根竹签，用碎碗碴把竹签刮得光光的，这便是毛衣针了。然后，从家里找一些穿破了后跟的长筒线袜套（我们那时，还不知道世界上有尼龙袜子），把线袜套拆成线团，就可以织笔套、手套什么的。为了不妨碍写字，我们常常织那种没有手指，只有手掌的半截手套。那实在是一种很简陋很不好看的手套。但大家都戴这种手套，谁也不嫌难看了。

我想给阿三织一双这样的手套，有时想得很强烈。但始终未敢。鬼晓得，我们那时都很小，十三四岁的孩子，却都有了"男女有别"的强烈的心理。这种心理使男女同学之间的界线划得很清，彼此不敢大大方方地往来。

记得班里有个男生，威望很高，俨然是班里男同学的"王"。"王"很有势力，大凡男生都听"王"的指挥。一下课，只要"王"号召一声干什么，便会有许多人前呼后拥地跟着去干；只要"王"说一声不跟谁玩了，就会"哗啦"一大片人不跟这个同学说话了。"王"和他的将领们常常给不服从他们意志的男生和女生起外号，很难听，很伤人心的外号。下课或放学后，他们要么拉着"一，二"的拍子，合起伙来齐声喊某一个同学家长的名字；要么就冲着一个男生喊某一个女生的名字，或冲着一个女生喊某一个男生的名字。这是最糟糕、最伤心的事情，因为让他们这么一喊，大家就都知道某男生和某女生好了。让人家知道"好了"，是很见不得人的事情。

这样的恶作剧常常使我很害怕，害怕"王"和他的"将领"们。有时怕到了极点，以至恐惧到夜里常常做噩梦。因此，我也暗暗仇恨"王"们一伙，下决心将来长大后，走得远远的，一辈子不再见他们！

阿三常和"王"们在一起玩，但从来没他伤害过什么人。"王"们有时对阿三好，有时好像也很长时间不跟他说话，那一定是"王"们世界发生了什么矛盾，我想。我总也没搞清阿三到底是不是"王"的公民，可我真希望阿三不属于"王"们的世界。

在上小学五年级的时候，爸爸突然被划成了"右派"。大字报、漫画，还有划"X"的爸爸的名字在学院外，满世界地贴着。爸爸的样子让人画得很丑，四肢很发达，头很小，有的还长着一条很粗的毛茸茸的尾巴……乍一看到这些，我差点晕了过去。学院离我家很近，"王"们常来看大字报、漫画。看完，走到我家门口时，总要合起伙来，扯起喉咙喊我父亲的名字。他们是喊给我听，喊完就跑。大概他们以为这是痛快的事情，可我却难过死了。一听见"王"们的喊声，我就吓得发晕，本来是要开门出来的，一下子就吓得藏在门后，半天不敢动弹，生怕"王"们看见我。等他们扬长而去之后，我就每每哭着不敢上学，母亲劝我哄我，但到了学校门口，我还是不敢进去，总要躲在校门外的犄角旮或树阴下，直到听见上课的预备铃色，才赶忙跑进教室。一上课，有老师在，"王"们就不敢喊我爸爸的名字。

那时，怕"王"们就像耗子怕猫！

第二篇 ◆ 童年的那双眼睛

"我没喊过你爸爸的名字。"阿三轻轻地对我说。也不知是他见我受了侮辱常常一个人偷哭，还是他感到这样欺负人不好，反正他向我这样表白了。记得听见阿三这句话后，我哭得很厉害，嗓子里像堵着一大团棉花，一个早习都没上成。阿三那个早读也没有大声地背书，只是把书本来回地翻转着，样子也怪可怜。

其实，我心里也很清楚，阿三虽然和"王"们要好，但他的心眼善良，不愿欺负人。这是他那双明亮的、大大的单眼皮眼睛告诉我的，很友好，使你根本不用害怕他。记得那时，我只好望阿三的这双眼睛，而对其他男生，特别是"王"们，我根本不敢正视一次。

很长很长的岁月，阿三的这双眼睛始留在我的心底，我甚至觉着，这双给过我同情的挺好看的眼睛，在我的一生中也不会熄灭……

阿三很会打球，是布球。就是用线绳把旧棉花套字紧紧缠成一个圆团，再在外面套一截旧线袜套，把破口处缝好，就是球了。阿三投球的命中率也相当高，几乎是百发百中。阿三在球对里是5号，5号意味着球打得最好，是球队长。女生们爱玩球的极少，我们班只有两个，我是其中之一。

记得阿三在每每随便分班打布球时，总是要上我，算他一边的。那时，男女混合打球玩是常有的事。即便是下课后随便在场上投篮，阿三也时而把抢着的球扔给站在操场边的可怜巴巴的我。后来，我的篮球打得不错，以至到了初中，高中，大学竟历任了校队队长。那时就常常想，会打篮球得多谢阿三。

然而，阿三这种善良、友好的举动在当时是需要勇气和冒风险的。因为这样做，注定要遭到"王"们的嘲笑和讽刺的。

这样的不幸终于发生了。不知在哪一天，也不知是为了什么，"王"们突然冲着我喊起阿三的名字了，喊得很凶。他们使劲冲我一喊，我觉得天一下子塌了，心一下子碎了，眼一下子黑了，头一下子炸了……

有几次，我也看见他们冲着阿三喊我的名字，阿三一声不吭，紧紧地闭着双唇，脸涨得通红。看见阿三难堪的样子，我心里就很难过，觉得对不起他。

从那以后，我就再也不想给阿三织手套的事了；阿三打布球，我再也不敢去了；上早读，我们谁也不再悄悄说话了；我们谁也不再理谁，好像恼了！但到了冬天，再看见阿三肿得黑紫的像馒头一样厚的手背时，我就觉得我欠了阿三许多许多……

阿三的家在酱菜铺的对面。我不知他家开什么铺子，只记得每次到酱菜铺买辣酱时，我总要往阿三家的铺子里看。只见漆着黑漆的粗糙的柜台上，圆口玻璃瓶里装着滚白砂糖的桔子瓣糖，也有包着玻璃纸，安着竹棍的棒棒糖……其实，在别的铺子也能买辣酱，但我总愿意跑得老远，去这个酱菜铺买。也说不清为什么，只是想，阿三从铺子里走出来就好了。其实，即使阿三真的从铺子里走出来，我也不会去和他说话的，但我希望他走出来……

有一次，我又去买辣酱，阿三真的从铺子里走出来了，而且看见了我。知道阿三看见我后，我突然又感到害怕起来。这时，只见阿三沿着青石板铺就的小街，向我走来。

"他们也在这条街上住，不要让他们看见你，要不，又要喊你爸爸的名字了……"说完，他"咚咚"地跑了回去。我知道，他说的"他们"，是指"王"们。

望着阿三跑进了铺子，我又想哭。我突然觉得，我再也不会忘记阿三了，阿三将来长大了，一定是世界上最好的男人！

后来，考上中学后，我就不知阿三在哪里了。是考上了，还是没考上？考上了在哪个班？我都不懂得去打听。成年后，常常为这件事后悔，做孩子的时候，怎么就不懂得珍惜友情？

中学念了半年以后，我就走得很远很远，到汉江的下游去找我哥哥了，为了上学，也为求生，因为父亲和母亲已被赶到很深很深的大山里去了。从此，我就再也没有看见阿三，但阿三那双明亮的、充满善意的眼睛，却常常出现在我的眼前和梦中。

人生不知怎么就过得这样匆匆忙忙，这样不知不觉，似乎还没弄清是怎么回事就走过了许许多多的岁月。20多年后的一天，我回故乡探望母亲，第一个想找的就是阿三。

出乎意料之外，我竟然很顺利地找到了那时的"王"。"王"很热情地接待了我，"王"有一个很漂亮年轻的妻子。这个年龄、这个时代见到"王"，我好一番"百感交集"。说起儿时的旧事，我不禁潸然泪下，"王"也黯然神伤。

"不提过去了，我们那时都小，不懂事……你父亲死得很冤。""王"说得很真诚、很凄楚。但是，经过几十年的风风雨雨，我们都长大了。儿时的恩也好，怨也好，现在想起来，都是可爱的事情，都让人留恋，让人怀念……

温暖——让心灵去旅行

"王"很快地帮我找到了阿三以及儿时的两个同学。当"王"领着阿三来见我的时候,我竟十分慌乱起来,大脑中不时闪现着阿三那双明亮的单眼皮眼睛。当听到他们说笑着走进家门时,我企图努力辨认阿三的声音,然而却办不到……

阿三最后一个走进家门,当我努力认出那就是阿三时,我的心突然一阵悲哀和失望——那不是我记忆中的阿三!那双明亮的眼睛在哪儿?站在我面前的阿三,显得平静而淡漠,对于我的归来似乎是早已料到的事情,并未显出多少惊喜和亲切。已经稍稍发胖的身躯和已经开始脱落的头发,使我的心痉挛般的抽动起来,岁月夺走了我儿时的阿三……我突然感到很伤心,我们失去的太多了!

人的一生有许多值得珍惜的东西,可当我们还没来得及去珍惜它时,一切都已成为过去,一切都不存在了……

阿三邀我去他家吃饭,"王"和儿时的两位同学同去,我感到很高兴。我知道,这是阿三和"王"的心愿。很感谢我童年的朋友们为我安排这样美好的仪式。我们这些人,一生中相见的机会太少了,这聚会将成为最美好的忆念。

阿三的妻子比阿三大,也不漂亮。望着蹲在地上默默地刮着鱼鳞的阿三和跑里跑外为我们张罗佳肴的阿三贤惠的妻子,我感到很安慰,但又一阵凄恻:儿时的阿三再也不会归来了,这就是人生……

"……六九年我在北京当兵,听说你在那里念大学,我去找过你,但没找着。"吃饭的时候,阿三对我说。这是我意想不到的事情,望着阿三,我便有万千的感激,阿三终没有忘记我!

"我提议,为我们的童年干杯!"我站了起来。

阿三和"王",还有童年的好友都高高举起了酒杯。

这一瞬,大家似乎都有许多话要说,但谁也没说什么,我不知这一颗颗沉默的心里是否和我一样在想:人生最美好的莫过于友谊,友谊最深厚的眷恋莫过于童年的相知……我突觉鼻尖发酸,真想哭。

临走,阿三送我上车站。

"很难过,我们都长大了……"真真没想到,临别时,阿三能讲出这样动情的话。然而,他的样子却很淡漠,甚至可以说毫无表情,只是眼望前方,静稳地打着方向盘。这种不动声色的样子使我很压抑。自找到阿三,我就总想和他说说小时候的事情,比如关于手套、布球或者"喊名字"的风波……然而，岁月里的阿三已长成一个沉静而冷凝的男子汉，成年的阿三不属于我的感情，我想。真没想到，临别时，阿三却说了这句令我一生再不会忘记他的话。

感谢我圆如明月清如水的乡梦，梦中，童年时候的阿三向我走来……

心灵感悟

年少时的记忆总是让人念念不忘，童年时的友情总显得单纯和美好。不管时隔多少年，它都是我们内心深处的一片静土。

友情像一杯香浓的茶，能让你安静下来，浸入你的内心深处，拥抱着你的灵魂；友情也像一阵温柔的山风，吹去你的烦恼，拂去你的忧伤，轻抚你飘曳的长发，给你安慰和体贴；友情是你孤寂时的那盏小灯，默默地陪伴着你；友情是疲惫时的一张长椅，让你能够歇息你困乏的脚步。本文没有惊天动地，没有曲折离奇，写的是庸常的故事——发生在教室里同学间的平凡小事，却能让人一口气读完，并留下些许回味，会让人不由自主地想起了自己的童年生活，想起纯真的友情。

友情是生命的一盏明灯，离开它，生命就不会开花。

我的俄罗斯朋友

一

皮包里的手机终于响了，我知道那是翻译打过来的，一个久违而熟悉的声音从那边传来："李大姐，我们马上就到站了，你就在宾馆的大厅等我们就可以了。"于是我便答应着："好的好的，我会马上出现在你们的面前。"因为宾馆就在哈尔滨火车站附近，关上手机，一种愉悦的心情涌上心头。

我们终于在南行考察的第一站哈市相逢了，翻译用他熟悉而热情的中俄两国语言给我们互相介绍着，我知道其中一位是我非常熟悉的65岁的俄罗斯医学院士兼俄罗斯哈巴罗夫克医学院长和医学科研所所长戈兹罗夫，因为我们早已打过几次交道了。而另一位则是我久闻大名却刚刚认识的一位俄罗斯高级官员，俄罗斯哈巴边区卫生厅妇幼处处长兼药品检验处处长科尔亲科夫先生。

科尔亲科夫37岁,是一位年轻帅气知识而干练的年轻人,有1.80米的身高,宽宽的额头下长着一双善于深思并且会说话的黄眼睛,高高而厚重的鼻梁透露着男人那特有的刚毅,那鼻子下很魅力的嘴总会说出你意想不到的话语,他的语言真诚而个性,幽默而知识,他每每道来,都会让你敬佩不已。还有那宽宽的下巴,保证能因你努力的眼睛而得知他是一个连毛胡子,并且还是一个胡须很重的男人,再加上他那高大而魁梧的身材,整体看上去,科尔亲科夫则是一个很厚重并且男人味十足的男子汉。

第一次和科尔亲科夫一起进餐,是在哈市火车站附近的一家豪华餐厅里,酒过三巡、菜过五味之后,大家的酒也喝到了高潮,我哈市的朋友则按照北方的喝酒习惯开始劝酒于科尔亲科夫,而科尔亲科夫无论怎样劝都不再进酒。

因此他解释说:"我在生活中是一个很严肃也很责任的人,我的身体不属于我自己,因为我有我爱和爱我的妻子和女儿,我不仅仅是俄罗斯的高级官员,同时我还有几处属于自己的私人公司,我要对我的妻子、女儿、上级、下级以及我的朋友们负责,所以我的身体不属于我自己,我只有用自己的健康,对他们付出应有的爱才是我要做到的!"再以后一起南行的十几天考察中,无论遇到中国多么高级的官员,我也从未见过科尔亲科夫因为别人的劝酒而多饮。

或许是我专业的缘故,所以我每每坐在科尔亲科夫的身边,总能从他的眼睛里面读到一些什么,因为他长着一双会说话的眼睛。记得有一次我们开完洽谈会回到宾馆里,我看见了科尔亲科夫表情凝重而深思的眼睛,于是便问他在想什么,他告诉我说他想女儿了,其实我知道他也非常的想念他的妻子,因为他的打火机上镶嵌着他那美丽妻子的照片,我发现他只要有时间眼睛就会不离开他那心爱的打火机。

记得在我们刚刚相识的时候,他说他的妻子和我叫同样的名字——"列娜",尽管我不太喜欢我俄罗斯的名字,但我知道他们都喜欢女人叫这样的名字。为了减少科尔亲科夫的思亲之苦,于是我就配合翻译拨通俄罗斯他家的电话号码,看着他和妻子女儿通话时开心的表情,动人的语气及愉悦的眼神,真的令人感动和羡慕。

还有一次是2005年1月14日在江苏徐州开完洽谈会晚间进餐时,我又发现尽管他手端酒杯但眼睛分明又在沉思,于是我又问他想什么呢,他告

诉我说："今天是俄罗斯过节，也是俄罗斯最喜庆的日子，也就是相当于中国的春节。"于是我和徐州中医院的书记院长们站起来又重新端起酒杯为他们重新祝贺一番，同时我们还叫来服务员打开音响，找到俄罗斯名歌，搞了一个临时的小型舞会，我们一起唱歌，一起跳舞，我们竟然忘记了国界，我们也终于听见了一首首原汁原味的俄罗斯民歌，也终于看见了科尔亲科夫那动人而和谐的舞步，他快乐的像个孩子。我知道：我读懂了科尔亲科夫先生的眼睛，或许因为眼睛是心灵的窗户，所以科尔亲科夫也非常的感动和非常的开心。

二

南行的十几天考察中，科尔亲科夫对中国的文化和中国的医学产生了浓厚的兴趣，在石家庄考察的时候，河北中医院的王院长（我的老师）首先安排了我们去参观了一些旅游胜地。我们参观赵州桥，他对那1400年历史悠久、空灵美观、构思巧妙，堪称千古独步跨度宽且独孔的赵州桥惊叹不已。

我们去柏林禅寺，他对那将2000年的圣塔及佛教的庄严而甚感神秘，对中国从南到北的饮食文化特别是药膳而揣摩至今，对中国的医学叹服得五体投地。因此他告诉我说："科尔亲科夫非常的热爱中国！"于是我就和中国朋友们风趣地对他说："我们给您开绿灯，那就请科尔亲科夫先生来中国定居吧！"但他又认真地说："虽然我很爱中国，但我却离不开俄罗斯，就让我们的友谊长存吧！"是的，他就是那么的可爱！

正因为科尔亲科夫对中国的了解和对中国的热爱，所以他决定今年把他可爱的女儿送到中国来留学，并且他要自己的女儿先学通华语，然后再学习中国传统医学，同时他还要让更多的俄罗斯孩子来中国读中文。真是天缘巧合，与我们在徐州洽谈疗养院的李作君正是中国金山桥教育集团的总裁，因为金山桥教育集团的魅力所在，所以科尔亲科夫决定让自己的女儿去金山桥读中文。

或许是因为合作的诚意，金山桥的李总竟然很大气的承诺科尔亲科夫的女儿来金山桥读书给予提供免费，但科尔亲科夫听了李总的承诺后遥着他那智慧而倔强的头说："捏……捏……捏！"意思是说不可以不可以的，我知道他已经决定自费让女儿来中国留学了。

在石家庄考察期间，几天的导游与进餐都是河北中医院的副院长，我

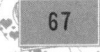

曾经大学科班时的针灸老师王艳君，王艳君老师比我大三岁，在每每进餐的时候，科尔亲科夫都会提前站起来面对我和我的老师说一些赞美的话，比如他说："我很荣幸认识列娜（我的俄罗斯名字）和王艳君二位美丽而有才华的女士……"并且为了表示对女士的尊重而不要我和老师站起来说祝酒词，于是王艳君老师就对我说："我们两个要是说有才华还差不多，但要是说漂亮仿佛不太正确吧？为什么科尔亲科夫总是喜欢赞美我们美丽呢？"所以我就跟老师解释说："在俄罗斯，女人在男人的眼睛里，是因为喜欢才美丽，所以女人在俄罗斯男人那里很容易找到自信。"

科尔亲科夫很会赞美与呵护女人，在一起交游、坐车还有进餐等时候，我总能得到他的关爱与呵护，在户外不方便的时候，我不用担心自己的相机和皮包没有人给拿，在坐车的时候肯定他会抢先一步为你打开车门，进餐以后在归来的时候，他肯定会帮助你把大衣穿好，女人和他在一起的时候，不用考虑宾主之分，因为他说照顾女人是男人应尽的责任。尽管在很多的时候我不用他的帮助，但他的热情与真诚使我真的无法拒绝。和科尔亲科夫在一起，我才发现自己是一个十足的女人，和他在一起，我拥有了更多的自信与快乐。

三

在从徐州归来的软卧列车上，我看见科尔亲科夫苍白的面色带着痛苦的表情及抑郁的眼睛。他沉默得一句话都没有，我凭借自己做了二十多年医生的经验告诉我自己他病了，于是我就拉过他的手，用自己手指熟练的搭在他的脉搏上，让我又一次的证实他真的病了，并且是外感风寒波及到消化系统。我知道他头部胀痛及胃脘不适，所以我就取出药品给他服用，他感觉到了我的真诚，因此很乖乖地服了下去。

因为不忍心看到科尔亲科夫痛苦的表情，于是我就很霸气的命令他趴在床铺上，然后我就把他的上衣向上一掀，一个宽厚的脊背袒露无疑。我对着他的后背华佗夹肌延着四条大经络和一条督脉，用自己熟悉多年的推拿手法给他推拿，因为我知道内脏的相应的腧穴都在背部，为了根除科尔亲科夫病痛，在那种医疗单调选择的情况下，我只好选择这样驱除疾病的捷径了。

因为推拿经络腧穴而出现的酸麻电痛的感觉，所以在我给科尔亲科夫做推拿的时候，他歇斯底里地大叫不止，我知道人在痛苦的时候，往往会忘记自己身份的。但无论科尔亲科夫怎样的叫，都不会中断我对他的推拿治疗方式。他的叫声我会装作没有听见，因为我清楚自己的治疗手段是属于法西斯的那种，但我更加知道在他短暂的叫声后，会露出健康与幸福的笑容。

给科尔亲科夫推拿了数分钟以后，他也停止了叫声，于是我便命令他回到自己的铺上休息一下，他真的很听话，此时他乖的像个孩子，温柔的像个波斯猫。

科尔亲科夫睡了一觉醒来，我发现他的面色已经恢复了健康的状态，尽管他的肤色与中国人不一样，但多年的中医知识让我知道健康的面容首先是有光泽，他炯炯有神的眼睛告诉我他的疾病已经痊愈了。就在我们眼睛与眼睛重逢的那一刻，我们都会心地笑了。好事的翻译很关切的问科尔亲科夫："怎么样，病好了一点没有？"于是科尔亲科夫用他那特有的欧洲人的肢体语言，配合着他那流利的俄语说着他们非常熟悉的车轱辘话，眼睛还不时地看着我，手还不停的竖起大拇指对着我，在他说出所有的语言中，我只听懂二个字："列娜……列娜！"我知道，他在和翻译赞扬我呢，因为我俄罗斯的名字叫列娜。果然翻译把科尔亲科夫的语言翻译过来告诉我说："科尔亲科夫说非常感谢列娜的治疗，列娜的治疗手段确实高明，胃已经不膨胀了，头也不痛了，列娜的治疗方式是我第一次接触的。因为在俄罗斯没有见过列娜这样的治疗手段，尽管列娜的治疗手段不那么温柔（笑！）同时也很法西斯，但疗效确实很好，并且在短时间内就消除了病痛，所以很佩服列娜，同时也更加的相信中国的中医了，因此科尔亲科夫对在俄罗斯的中俄医疗合作的前景更加的有信心了。"

于是我就告诉科尔亲科夫以后在与贵国的合作过程中，能展示的高明医疗手段还有很多。因为中医的起源在中国，并且毕竟是几千年的医学历史了，同时中国医学家也毕竟在人体生命科学不断的探索中获得了一定且非凡的经验。中医的治疗方式也是西医在某些地方无法代替的，这也是中医能够走向世界的精彩之处。科尔亲科夫听了我说的话不停地点头也不停地竖起大拇指，看到科尔亲科夫对我那么真诚并且很信任的样子，我感觉真的好开心。因为我知道是中医让我拥有了自信，是中国的文化底蕴让我走向了世界，我还知道是我身后的大中国让我拥有了未来与自豪。

四

在考察结束的日子，翻译也不知道躲到哪里方便去了，那个德高望重的俄罗斯老院士戈兹罗夫端起酒杯对着我尽情的嘟囔着，我知道他不是因为老得糊涂，而是因为已经忘记了不懂俄语的我。为了礼貌，我尽管很努力的听着，但是却一个字也没有听明白，我只能从他的肢体语言和他那丰富的表情中来判断这个老院士在表达什么，于是我也不时地看着科尔亲科夫的眼睛，科尔亲科夫也明白我的意思，所以他就一手端酒杯，而另一个手的大拇指和食指合在一起对我说："区区……区区！"因此我明白了，他们是让我喝一点点酒。因为他们都知道我不善饮酒，而"区区"则是科尔亲科夫曾经与我共饮的时候，我跟科尔亲科夫学到的一个俄语词汇，当然也是翻译帮助翻译以后我才明白的词汇。所以在那以后每次我与科尔亲科夫一起进餐的时候，科尔亲科夫都会用他的酒杯撞着我的酒杯说："区区……区区……"于是我就会很默契的配合他饮上一小口酒来表示我们真诚的友谊。

在分别的日子里，他跟我说他很愿意与我进行永久的医疗合作，更愿意与我一起拥有更永恒的友谊，同时他还真诚的告诉我说，他离开我以后会想念我的，他还说与我再一起的日子很开心，因为我让他懂得了并认识了中国。

其实在我很小的时候，我就感觉自己长大以后一定能够拥有很多像科尔亲科夫这样的外国朋友，或许是因为小时候看的电影《列宁在1918》和学习《马克思和恩格斯的友谊》之缘故，尽管我和他们语言不通，但那种心灵的默契与共识，真的很令人感动。想自己再过一段时间又该和科尔亲科夫见面了，其实如果不是事情的变故，我们早在2月25日就应该见面了。我知道我们的将来不仅仅是利益的伙伴，也更是真诚的朋友，因为他那男人特有的人格魅力使我一直敬佩不已。我非常的欣赏他——俄罗斯一个非常优秀而有魅力的男人科尔亲科夫！

心灵感悟

"南风又轻轻地吹送，相聚的光阴匆匆。当我们飞向那海阔天空，不要彷徨也不要感伤。"一转眼，就到了离别的日子。几度寒暑，几多难舍，都化为一句"珍重"。今天的告别，为了明天的重逢，为了明天更加辉煌灿烂。冬天来了，春天近了，请让北归的雁阵告诉我南方你的消息，因为我想知道：你在他乡还好吗？因为我想证明，冬天是个结冰的季节，而真挚的友情，永远不会被冻结。

友谊地久天长，是每对朋友心中的愿望。不管那个人就在身边还是远在大洋彼岸，友谊都能将人们的心牵在一起。这就是友谊的力量。

同桌的你

"明天你是否会想起\昨天你写的日记\明天你是否还惦记\曾经最爱哭的你\老师们都已想不起\猜不出问题的你\我也是偶然翻相片\才想起同桌的你\谁娶了多愁善感的你\谁看了你的日记\谁把你的长发盘起\谁给你做的嫁衣。"

尽管这首《同桌的你》唱遍大江南北，但却是我曾经最不喜欢的歌曲，每次听见，儿时的时光总会投影在昨天，往事浮现在眼前。想来那是几世的孽缘，竟然让我从小学到初中一直与他同桌，每次回忆起来，总有一种羞辱翻涌心头，他的模样曾是我永远都不想见到和回忆的。

老师的粉笔在黑板上沙沙的写着，而同桌上的小刀就会趁此机会在我们共同使用的条桌和条凳上雕刻出一条深深且笔直的三八线，并且还会用他的严厉警告我，大半是他的，小半是我的。

面对那条楚河汉界，当时我的内心就不明白：上帝造人时怎么就造了这么一个怪物，于是我就把恨记在了上帝的头上，对他，我就开始默默的忍受。

早晚自习课的时间都会被朗朗的读书声或偷看小说也或一大堆作业所替代，而他从不做那些，他会在我写作业或读书的时候敲桌砸凳，前后左右摇晃个不停，搞得我无法专心读书写字，当下课班长喊起立时候，他会经常故意快半拍站起，他坐的那边凳子会立刻翘起来，与此同时我就会从凳子上滑坐到地上，那种尴尬的场面

会让全班的同学们哄堂大笑。因此我的头会因此深深地埋藏下去，我想只有亲身体验过那种场面，才知道被羞辱的真正含义。他还会将他的眼睛窥视在我的胳膊或座位上，只要我的胳膊不注意过界的时候，他就会一

第二篇 ◆ 童年的那双眼睛

拳头砸过来，而我会因此默默的流泪，因为那痛会从胳膊上一直传到心里，并且一直痛了很多年，我终于明白什么是刻骨仇恨，所以我会用利剑一样的眼神看着他，他会因此而很开心，当时我知道，只要离开他就是我的最大快乐和幸福。

终于有一天，我踏上了南去的列车，一晃我们就是20年没有见面了。在一个夕阳西下的傍晚，我拖着疲倦的身体踏上回乡的路，还没等进家门，就被同桌的他一眼看见，他激动得大喊我的名字，也没有经过我的同意就跟随我的身后进了哥嫂的家里，看他一脸亲切地嘘寒问暖，嘴里还不停地老同学这老同学那，我一心的淡漠还依然停留在20年前的那段时光里，于是我就跟他说："还老同学，和你同桌让我忍受了多少委屈和痛苦，你知道吗？"

每当我听到歌曲《同桌的你》我就会想起你，每一次都会因为回忆你而蜇伤我自己，他听我说了这些，就很愧疚和认真地对我说"这么多年我就一直为这事难过和内疚，我常常在想，假如时光倒流，假如我们来生还是同桌，我一定会把桌凳的大半留给你，小半留给我，我一定不会让你再受委屈和流泪！"

在那以后的时光里，在我清明节不能回去给我父母扫墓时，他会替代我去，并且会在父母的坟墓前说些我要说的话，他还总会和几个我曾经要好的同学聚集在一起给我打电话，那天他或许是喝点酒，也或许是因为觉得不快，就在电话那边对我说："当时我近水楼台，为什么就没有想到追你，否则现在怎么会没有和我在一起？"此时我的耳畔又响起动听的《同桌的你》："从前的日子都远去我也将有我的妻\我也会给她看相片\给她讲同桌的你\谁娶了多愁善感的你\谁安慰爱哭的你\谁把你的长发盘起\谁给你做的嫁衣。"

心灵感悟

同桌，这个词在我们的青涩时代，被赋予了太多的意义。这个人可能是我们最最亲近的密友；可能是让我们心跳的梦中情人；也可能是希望老死不相往来的"仇人"。然而，经过时间的洗礼，这个人终会成为我们内心深处最亲最近的人，与他的感情也会纯粹而美好。

第三篇

谁听见蝴蝶的歌唱

　　当你在说"爱"时，你可知道"爱"字的沉重？它一旦出口，可是要让你用一生真情去背负！人常说：相爱容易相处难。当你想要向对方说爱时，请做好准备，先问一下自己是否能够承担起这份爱的责任，能否保证一生一世？你是否会不管另一颗心是多么的伤痛，你也会在感到累了的时候会弃爱而去呢？

23条红头巾

欣毕业了。留下了一个孤独的我，一个视爱为生命的女孩子。

本来他是留校的，但他说校园的天地太小，恰恰一位很欣赏他的教授在武汉一家公司做老板，一个电传召他，他毅然决定南下，投奔教授，认定那里的世界很精彩。

我知道大势已去。欣是个真正的男孩子，不会被眼泪折服。

在离别前的那一夜，我们俩一圈一圈地绕着校园那熟悉的小道悠悠地走着，默默地，没有太多的话。我倔强地不愿再挽留他，不愿在他面前表现我的那份缠绵，其实一种无奈太重太重地绕着我。

欣那样坚决，犹如下棋时那种认真和顽强。让他去吧。只是恨他太不懂一个女孩子的心。分明是赌气，我决定不送他，我不愿像永别一样，戚戚惨惨地哭，很小气的样子。

那天清早，我早早起来，默默地盯着对面的男生宿舍楼，那一扇很熟悉的窗。那里灯也亮着，透出一屋喧闹。我知道，那群尊他为"棋王"的大学生棋友们都赶来送他。一会儿，一大群人簇着他走出来，消失在我的视线尽处。

这一刻我极其后悔。我该去送他呢，想象着他一定在站台假装着与朋友们笑别，眼睛则偷偷窥探四周，肯定想等待一位美丽柔情的女孩来与他吻别。

然而我终于没去。只是用伤感的眼睛盯着那扇窗。整整一上午，好心酸。我不敢想象我们的离别。但那一夜欣的那句话总敲打着我的耳鼓："吻你，不长，就一生。"它给我许多自信。这是我俩郑重其事地用生命做赌注的誓言啊！

欣走了，一别就是半年。只有信很勤，一周一封，安慰着我的思念。他极忙，老板看重他，力荐他做了公司的副总。他常在深圳、上海、武汉之间飞来飞去，还有了女秘书，生意做得很大。几位逃课去南方谋事的女友曾诡秘地暗示我："欣很风光，是许多漂亮女孩追逐的对象。"我很冷静地笑着，不为所动，使我心安的是欣总是不由分说地将厚厚实实的信投进我的心湖。我几乎能背诵每一封信，知道得很清楚、很透彻。然而，那种从容却每每被一份忧郁所淹没，如负重的船，吃水深，危险也重。

这一年冬天来了。北方的冬季雪多，才晴了几天又下了雪，白皑皑地铺了一地，很是壮观。

明天就是我的生日，23岁的生日。一个女孩子就要在一种孤独之中，在一个寒冷的季节、在对远方情人的浓浓恋意中度过花儿一样美丽的生日了。

我想默默地在那幽静的天梦咖啡厅为自己祝福，喝一杯不加糖的咖啡，独酌逝去的温馨。

然而，我不甘心。欣知道遥远的北方那位女孩的生日吗？欣记得在许久前深秋的一个日子里曾许诺给那女孩子一条大红大红的头巾吗？欣说他喜欢看雪地里女孩系着红艳艳的围巾的那份潇洒与浪漫，欣知道那女孩此刻正恋着那条大红头巾吗？

我好委屈，心也痛楚。这毕竟是男孩子一时兴起的谎言，美丽而不丰实。欣也许正忙着他的公司，正飞往深圳，那里草地如茵，靓女如云，怎会有闲暇来想想冰天雪地的城市里有一位痴痴的女孩正期盼他呢？

我决定告诉欣我的心语，提醒他不该忘记我明天23岁的生日，不该忘记他那美丽的诺言。我好勇敢，独自踏着大雪，在深夜12点，来到电信局，拨响了欣公司的长途电话。电话通了。然而没容我说话，那边传来了陌生而又使我心颤的声音："慧子小姐吗？总经理吩咐我转告你，他前天已经……"

一个年轻女人甜甜的声音！我血涌上来，心却坠下去，不容她说完便愤然挂了电话。天啊，她也叫着我只有父母和情人才呼唤的乳名。我想象着欣此刻准在她身边，多么的亲近，不然她怎么会对我了解得如此清楚呢？我那份莫名的忧郁与疑虑此刻变成一种冷酷的现实，我那所拥有的自信被这个一定很妩媚的女人击溃了，我的所有初恋的温情被冰雪冻住了。

不知道我是怎样回到学校的，高一脚低一脚地在雪地留下零乱的印痕，跟跟跄跄。

不知道这一夜是怎样度过的。这是一个漫长而寒冷的周末之夜。明天我的生日该会在一种怎样的心境中度过，我的心被悲伤鼓满着，被怨恨鼓满着。半年时光不长啊，欣果真弃下了我的情我的心吗？

这一夜雪很大，沸沸扬扬，把冬天拉得很长。

我无泪，我的泪只向真情慷然挥洒。

终于熬到天亮。第一个出门的女友突然发出了一声惊叫："慧子，快来看啊，好美的风景！"

我们一起涌向门外。那一刻，我顿时感到眼前一片火在燃烧——

对面那幢楼几乎所有的墙和窗被白雪覆盖着，唯独有一扇窗口，那扇我熟悉的窗口系着无数条红头巾，鲜红鲜红的，耀眼夺目！像沉默的尽头那再生的玫瑰和火焰，在风雪中摇曳跳跃。这是北方之冬中唯一生动的舞蹈。

整个女生楼喧动了，女生们全涌出来，瞧着这奇景。一条、二条、三条……大家数着有多少条红头巾、猜着这雪中飘动着的红头巾的故事，大家既兴奋又疑惑。

我在看见红头巾那一刻，心如闪电般痉挛。那准是23条，恰是我的年龄。我心明白。

我心醉了。这是我一生中看到的最最动人的风景，而且，这所有的红头巾，好风景全属于我一个人。我拥有一个世界了。

我的直觉告诉我，欣正一步步地走近我，我似乎听到他的呼吸声。

此刻，校广播台"每周一歌"节目开播了，传来广播员稍显仓促的声音："今天，大家熟悉的'棋王'欣欣总经理重返母校，为慧子庆贺23岁的生日……"

所有的女孩子欢天喜地地呼叫着，所有的目光投向我！

我被喜悦和羡慕淹没了，我不敢相信我的感觉。

一个有些嘶哑的声音飘在白雪飞舞的天空中："慧子，看到那簇红头巾了吗？"声音好急促，那是欣。

几乎所有的女孩子向那个声音回答："我看见了，慧子真幸福！"

我忘情地跟着喊着，此刻忘记了自己是慧子，此刻我确实为幸福的慧子而心动。

直到女友们簇拥着我，几乎是挟持着我跑向广播台，直到那首熟悉的曲子在空中召唤着我，我才醒悟，原来我便是那个被情人宠坏、被女孩子羡慕嫉妒的慧子。

推开广播台的门，一眼便望见了欣。一群朋友围着他，都一脸正经而投入地唱着，很卖劲地唱着。

欣的脖子上吊着一条极长的红头巾。他千里迢迢地为我的生日而来，为这北方的雪而来。

几乎是扑上去，那泪无声无息地流，仿佛像蓄存了一个世纪的委屈。顾不上女孩子的那份矜持、那份羞涩、那份傲气了，我拥在欣的胸前，倾

听那心跳如鼓。

欣一脸的认真与专注，将那条红头巾细细地给我围上，笨拙地打了个花结，竟很美。

然后他吻我，肆无忌惮。

我任他所为，眼前满是那雪中飘动的23条红头巾，所有的感觉全在冬天之外。

心灵感悟

校园里纯洁的爱总让人羡慕不已，"23条红头巾"中的浓浓爱意让每个人都感到温暖，它驱走了冬天的寒意，成为独一无二的雪中美景。

茉莉橘子

深秋极其潦草而短促的黄昏时分，夜色萧萧而下。女医生急着下班，门诊却转来了病人，是一位患白内障的老人，正由老妻搀扶着走来。

女医生只草草问了几句，便开出住院通知单，起身说："你跟我去病房。"并交代老太太，"到那边去交费。"

老太太却不动，只微笑侧头，指指自己的耳朵。老人静静地开口："医生，还是我和她一起去交费吧。我妻子，她听不见。"

女医生惊愕地抬头，陡然看见：老人一丝不苟的白发下，面容安详儒雅，瞳孔却是灰蒙蒙的，黯淡无光，仿佛被废弃的矿坑。他的眼睛，已经死了。

他是盲的，而她，是聋的？

乍看上去，他们竟如此平常，老人泰然闭目养神，老太太就无声地忙前忙后，一脸谦和的笑。午后，老太太坐在床沿上，一瓣瓣剥开橘子，细细撕去筋络，轻轻递过去，老人总是适时地张开嘴接过。老太太目不转睛地看着老人的咀嚼与吞咽，微笑着，自己也吃一瓣，再将下一瓣橘子喂到老伴儿的嘴边……

他不能看，她不能听，要怎样才能沟通交流，接下命运无穷的招数？一个巨大的谜团，由四只苍老的手拥满。女医生悟不透，终有一次耐不住地问起，老人无光的眼中透出微微的笑意："你以后会明白的。"

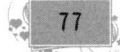

那"以后",却也来得太过于迅猛,以至于无从反应。一天,她看见老太太捏着水瓶从水房蹒跚而出,刚想上前帮忙,却已有炸裂声,惊天动地,代替了她不被听见的呼喊。老太太扑倒——却仍艰难地用手比划着。

没人懂得手语,却没人不懂得她的心意:请不要告诉他,请帮我照顾好他。

女医生默默脱下白大褂,将纤纤素手在水龙头下洗了又洗,她要冲掉所有医院的气息,然后静静地走向老人,坐在老太太惯坐的位置上,轻轻地,剥开橘子……

橘瓣递到老人唇边的瞬间,他开了口:"她,我的妻子,怎么样了?要不要紧?"

40年前,他便走上黑暗的不归路。那年攻关小组里几昼夜的不眠不休后,他眼前忽地一片血红,随即死一般漆黑。

再醒来时已在绷带背后,他没有通知乡下的父母,又独自躺在小屋里,从不知黑暗的重量会这般地以万钧之势压下。22岁的大男孩终于哭了。

忽然泛来淡淡茉莉花香,一双女性的手,正隔着纱布,轻柔地为他拭泪。

他不禁动容,哑声问:"你是谁?"

一无回音,却有什么软软的、凉凉的东西抵着他的嘴唇,他惊疑地、机械地张开嘴,一瓣染着茉莉花香的橘子甘甜地喂到他嘴里……

整整7天,没有声音,没有光,却有茉莉橘子日复一日,滋润着他干枯的喉咙,这是黑暗国度里唯一的安慰与期待。只是,她为什么从来不对他说一句话呢?

绷带拆除的刹那,他的双目渴盼地四处张望,喧哗人群里,却要到哪里才能觅到一瓣清甜的茉莉橘子?

却在无意间,他握到了她的手,嗅到她掌心淡淡的茉莉芳香。

他松开她的手,复又紧紧握住,然后拉到自己怀里,自然,握住一生不变的温柔。

40年后,老人仍有同样坚毅的面容,令年轻的女医生肃然起敬。

心灵感悟

相信每个人看了这篇文章内心都会被深深地打动,由衷地对两位老人肃然起敬,他们之间的相互了解是如此的透彻,他们的感情是如此的真挚深厚，更何况老人是盲人，老太太是聋子，这样一对夫妻竟生活得如此和谐、幸福，我们怎能不被感动？我们应该反思一下我们这些正常人的爱情，我们是否被金钱利益冲昏了头脑。现实中，有些女孩因为钱、权竟嫁给比自己父亲还大的人，有些女孩为钱竟出卖自己的灵魂，这不得不让人感到痛心，这简直是对爱情的亵渎，和这对老人比起来，我们是否应该感到自惭形秽？

遭遇现实的枷锁

这是一个很普通的故事，但却并不意味着它的平凡，它给我们出了一个我们一直想逃避的问题：当我们面对着爱情与现实这个两难的选择时，究竟是该屈服于现实，还是忠实于爱情！但无论做出何种选择，我们都将得到难以承受的痛苦！

故事的主角出生于贫困山村。家里条件并不好，但他的父母依旧供他读书直到他考上大学。在热热闹闹的迎送酒宴中，他带着父母的期盼和村中人的艳羡踏进了大学校园。

可家里人不知道的是，他在学校那些城市的同学面前是多么自卑，为了掩饰那来自山村的气息，他苦练普通话和英语，同时也因为贫困，他不得不尽一切可能去打工。家教，兼职，甚至是学校里的勤工俭学。不这样拼命的话，学费、生活费都无法保证。

为了生活他尽了一切的努力，甚至同学都笑称他是要钱不要命的守财奴。可谁又能知道他的辛酸。除了自己的学费和生活费，他甚至还要为弟妹的学费和贫困的家里操心。这么多担子压在他肩上，让这个原本应是朝气蓬勃的年轻人显得阴郁无比。

村里人都说他们家出了个能干的孩子，不但读书好不要家里操心，甚至还负担弟妹的学费。他的弟妹写信给他时都说要考和哥哥一样的大学。谁也不知道他的辛苦，而他也不愿意让别人看到自己的苦，直到后来认识了她。

她是比他低一级的学妹。在开学的迎接新生时他接的她，帮她拿行李、找宿舍一番忙碌，甚至还带她参观了校园。感激之下她一定要请他吃饭，推辞不掉的他只好应诺，于是两人由此认识。

爱情往往产生于不经意间，女孩对这个热心学长产生了好感，开始向他的同学和朋友打听关于他的事情，甚至还派到他所在的课堂听课。

可内向自卑的他从来没有想过要找女朋友，更何况是一个这么漂亮的都市女孩，因此一再躲着她。可是人谁无情，更何况还是正处于年轻的他。当女孩子一次次向他发动攻击，他那原本便是勉强做出的冷漠终究保持不住。

一次他过生日，女孩子提着蛋糕在寒风中等了六个小时，才等到他做家教归来，看到寒风中颤抖的她，他终于被感动。从小到大没有人这么关心过他、在乎过他，更何况还在寒风中站立这么久，他终于接受了她。

两人就此确定了恋爱关系。幸福的日子里他既激动又彷徨，因为他知道自己的情况，可是她说，我知道你压力大，但是我们两个人一起努力的话，什么困难不能度过？

陷入爱情中的他被这番话感动。爱情的力量也给了原本自卑的他以信心，两人在外面租房开始住在一起。那个时候他已经被确定保送研究生，所以他给她买了很多书籍指导她的学习，让她也参加研究生考试。

两人每天一起上课一起在食堂吃饭，晚上他去工作而她则在家中等他归来，她开始学会讨价还价买以前不屑一顾的低价水果，削皮切成小块给他补充营养，甚至还学会了使用煤气炉做饭。

心细的她体谅他的困难，在恋爱的时候没要他多用一分钱，租房子是她出钱，买水果和衣服也是她出钱，甚至还给他弟妹购置衣服。这一切的一切都让他感动。他知道她爱自己爱得如此之深，无以为报的他只能就自己的一切努力去回报她的爱。

不多久她家里知道了他们的事，于是提出要见他，尽管做好了准备他却依旧被她家的情况吓了一跳。出现在眼前的是一栋十分高级的复式套房，装修豪华至极。刚进门就看到她父亲望着他那身破旧的衣服皱着眉头，谈话间，她母亲暗示地说，她是家里的独生宝贝，将来结婚也要留在家里……

躲开她的面，她父亲和他展开了谈话，大概意思就是她从小被他们疼着爱着，没有受一点委屈，让他扪心自问，将来就算他们做父母的答应，可他有条件能给他们女儿幸福吗？

他知道自己做不到。两人谈恋爱这段日子里，也一直都是她付出的比自己多。以往穿着时尚，打扮时髦，经常去酒店吃饭的她，和自己在一起后开始住着简陋的房子，吃着水煮白菜，还学会了和那些菜贩子们讨价还价，省下来的钱全用来供自己读书，还给自己弟妹购买衣服……

这一刻，他的心痛苦得仿佛要撕裂一般。自己的出身无法选择，可为什么她要选择自己，给自己这么一个沉重的选择。她父母意思很明白，并不同意他们在一起，为了不引起女儿的察觉，触发她的叛逆情绪，那次会面之后，她的父母一直假意鼓励她出国留学。这其中的意义他自然明白。

对此毫不知情的她高兴地对他说："我们一起留学吧，到国外去快乐生活。"他没有告诉她自己的弟弟高考失败即将复读，妹妹正读着高中，爷爷正生着病。他只是面带微笑说："好啊，你不是一直说想出国留学吗？加油吧！。"

从那以后他找了更多的工作并且搬出房子，有意地一步一步疏远她，可她丝毫没有察觉他态度的转变，还和以前一样每天同课堂上课、同食堂吃饭，一点也没察觉他的转变。

他开始辅导她学习英文，背诵单词。很长一段时间里他们都是在学习，就算迟钝的她也察觉到了什么，可是问他的时候，他说你不是一直想出国吗？现在就应该努力啊！

直到她考完接到通知，他帮她办签证、写申请，做得比自己出国还上心，当一切办妥后他打电话给她母亲，说："阿姨我已经替她办好了一切手续，她很快就可以出国了，您可以放心了！"

她妈妈迟疑地问他是否一起跟去，他笑着说："不了，您说得对，我是穷人家的孩子，不能带给她幸福。我爱他，所以不愿意让她跟着我受苦，我要照顾自己的家人。我是真心祝福她能有自己的幸福人生！"她妈妈在那边哽咽无语，说你是个好孩子，懂得做父母的艰辛。

他终于和她摊牌，说："分手吧，我配不上你，我有家要照顾，不可能陪你去留学，我至少还要多奋斗十几年才能摆脱家里的负担，我爱你，但我没办法给你幸福！"

她哭得很伤心，抓他、打他、咬他，可任凭她如何发泄他只是沉默面对，直到最后她终于在父母的压力和他的沉默中上了飞机。看着那渐渐远去的飞机，他在心中流泪祝福，祝愿自己心爱的姑娘能有一个属于她自己的幸福人生。

爱情犹如一只鸟，原本应自由翱翔在天空，可在现实的枷锁前，却往往注定了它不能展翅高飞。

心灵感悟

<u>爱情很美好，可现实却很残酷。爱情不是不食人间烟火的童话，在世俗的潜规则面前，它总是显得那么苍白无力，真爱虽然美好，却常常像泡沫一样容易破灭。所以，更需要坚守。</u>

谁听见蝴蝶的歌唱

那天下午，我和妈坐在门槛上摘豆荚。我看见一只硕大的蓝蝴蝶在我头顶绕来绕去地飞，就对妈说："我长大了也要做紫娟姑姑那样的女人，也要种下一院子花，引来满园的蝴蝶。"

母亲以一记重重的耳光回答我。

我哭着跑上山顶那幢围着木栅栏的白色房子。我歪歪斜斜、气喘吁吁地扑进紫娟姑姑怀中，把我的眼泪抹在她素洁的衣衫上。我断断续续、抽抽咽咽地把挨打的始末说给紫娟姑姑，我感觉紫娟的手在半空僵了一下，然后我就看见她的眼中飞过一片又一片云朵，最后在一片碧空之上，就映出了那一院怒放着的花朵和花朵间翻飞如秋天风中树叶般的蝴蝶。紫娟姑姑弯下腰捧住我的脸，缓缓地向我那边发烫的脸颊吹一口气，再吹一口气……紫娟姑姑的呼吸芬芳如兰……

那满园散发着香气的花朵和花朵间翻飞的蝴蝶把那个下午渲染得壮丽无比。那一年，我八岁。

但我是怎样地喜欢紫娟姑姑啊！她那白的脸、狭长的眉眼，永远素洁不染一尘的衣裳，轻悄悄地来去，一笑，脸上就现出一片红晕的样子，实在比母亲、比镇上旁的女人都要好看。更何况她还有那么美丽的一园子花和那么多奇妙的蝴蝶。

我曾无数次地猜想过，假如没有那次相遇，紫娟姑姑会不会也像镇上所有的女人那样，为人妇、为人母，直到最后做慈祥的老奶奶呢？

但这一切，终于在那一次相遇后成为可能。

那是怎样的一瞬间啊！却铸就了紫娟姑姑一生的寂寞。

那时紫娟姑姑已经辍学在家。紫娟姑姑是镇上唯一把书念到中师回来的女孩子。紫娟姑姑辍学的唯一原因是母亲突然跌坏了双腿，从此卧床不起了。

在陪伴母亲漫长而寂寞的日子里，紫娟姑姑就日日在园子里种花。

说也奇怪，这些经过紫娟姑姑的手侍弄出来的花儿都长得出奇的好。于是就有了那个开满了花朵、飞满了蝴蝶的园子，于是就有了那一次相遇，也就有了让紫娟姑姑珍藏一生的那个美丽的早晨。

当那个陌生的男人突然地站在紫娟姑姑面前时，紫娟姑姑是怎样地为这份突兀而慌张地停止了正在浇花或是剪枝的手。而那陌生男子又是怎样的惊愕：他为追赶一只蝴蝶而越园，他没想到却看见了满园的蝴蝶，还有，那比蝴蝶还要美丽的姑娘。在眼睛对着眼睛的注视里，除了飞过花，飞过蝴蝶，还飞过一些属于心灵的东西吧，一份嘉许？一份来自灵魂深处的震颤？

后来的日子也许是紫娟姑姑一生最快乐的时光吧！在美丽的蝴蝶园里，一场轰轰烈烈的恋爱就那样产生了。日子是简单地重复，他们除了相爱，还是相爱。

在某一天早晨，或者黄昏。那英俊的男人不得不暂时告别紫娟姑姑离开一段时间，他要暂时回到他来的地方去了结一些事。总之，他们离别，只是为了将来长久的相聚。他们在美丽的蝴蝶园里依依惜别。也许紫娟姑姑就是站在那一片鲜花和蝴蝶丛中看着自己亲爱的人一步一回头地从高高的石阶上走下去的吧？也许，紫娟姑姑那随蝴蝶一起翻飞的衣裙和长发是离人最后回眸中一张永远淡不去的图画吧？

故事的后来是男人一去再也没有回来。

有许多种说法。说男人是当年社科院的蝴蝶专家，因犯了什么错误而被下放到小镇接受改造，却竟以研究蝴蝶为名诱骗良家女儿，就被招回去关押了。有说男人的确是蝴蝶专家，他在离开小镇返回的途中遇到一种罕见的蝴蝶，在捕捉的过程当中不慎坠下悬崖。最后一种说法是他无法离开他的妻子和女儿，最终无颜回小镇重游他梦中的蝴蝶园了。

我不知道在我已渐省人事而紫娟姑姑还尚在人世的时候，我为什么没有去问紫娟姑姑故事背后的真相。我不知道我是不忍问紫娟姑姑还是不忍破灭自己心中的一份幻想。我宁愿相信那男人是因为追那只他一生只见过一次的蝴蝶坠落悬崖而无法去兑现他爱的盟约的。也许在他走向蝴蝶的那段路程里，他所想的唯一是这只蝴蝶能换来恋人的一个笑靥吧！我愿意相信他们的爱情是穿越了有形的物质而趋于无形的。

许多年之后，当我在自己演绎的爱情故事里人比黄花瘦的时候，我试图去理解紫娟姑姑一生固守的爱情故事，于是我终于体味到了母亲当年那狠狠的一捅：母亲怕我一语成谶。

我最后一次回老家，我年迈的母亲坐在20年前我们一起坐过的那道门槛上，神色凄然地对我说："紫娟姑姑半月前死了。"

我听了，除了心里飞起一群蝴蝶之外，竟没有感到一丝的惊奇。

踏着高高的石阶一级级走上去，我走不进从前的时光里。

跨一道门槛，就站在园子当中，没有紫娟姑姑素洁的影子移出来，只有满园的花香和那一只只花丛中翻飞如花朵如树叶般的蝴蝶迎接我。

在那一瞬间，我听见了蝴蝶的歌唱。

花太香。花下蜂喧蝶舞在美若彩霞的万花丛中。是谁在轻轻吟唱？

花无语，蜂已走，可那含苞怒放的花朵里，却分明淌着泪水。花为何哭泣？

是蝶儿的歌声吧！是蝶在向花讲述一个关于爱情的故事，这爱情不是梁祝。

花朝天，花静静地聆听，是它听见了蝴蝶的歌唱，这歌声中有一个美丽的身影，让人感动。

心灵感悟

还有什么能比"忠贞不渝"更能形容爱情的圣洁、纯真呢？

总是听到太多太多的人抱怨如今的男女之爱就像吃方便食品，随随便便毫无真情。

而当看完这篇作品时，我们有理由相信：这个世间还有真爱。

这是一篇充满着唯美主义婉约情调的作品。故事时间跨度之长，正是为了向世人展示真正的爱情是能经受时间考验的。

梁祝化蝶的故事古已有之，但那毕竟只是人们对爱情的美妙幻想罢了，而这篇作品却让人真正体会到了现实中的真爱，相信能用心倾听蝴蝶歌唱的人是能够体验真爱的声音的。

长发不再，爱情依然

激昂而忧伤的萨克斯音乐弥漫天际地飞舞着，一对对恋人在我孤独的世界之外甜蜜地走来走去，幽幽的灯光投射到我的身上，倾下一片令人神伤的凄凉。

我和枫在高中就是很要好的同学，又一起从湖南考入武汉这座美丽的江城。我俩就读的大学一所在武昌，一所在汉口。刚开始，我和枫不咸不淡地联系着，无非是你给我挂一个电话，我给你写一封短信。大一下学期的某一天，枫突然不告而至，诡秘地塞给我一封夹着玫瑰的情书，然后红着脸在学校的足球场荡来荡去地等候"判决"。枫的求爱方式虽然有点老土，但还是打动了我那情窦初开的芳心。从那一天起，我与枫双双坠入了爱河。大四那年，枫到外地实习，突如其来的一场大病将我一头浓密的长发摧残得如同沙漠的植被，东一束西一株的。在室友们夸张的叫声中，我气急败坏地将镜子摔得粉碎，拿着毛巾冲进洗手间哭得天昏地暗。哭累了，拿一把木梳将所剩不多的头发细细整理，可怜曾经引惹得枫无限爱怜的芳草地，仿佛北风席卷百草折，萧瑟一片了。

是夜，我如煎锅上的小鱼，辗转反侧难以成眠。虽然医生说，只要坚持治疗，短则三五月，迟则一年后就会恢复"本来面目"，但我怎能忍受以如此容颜去面对青春，去面对心中的他？

第二天，我以百米冲刺的速度冲出校园。晚归时，我悄无声息地提着一大袋美容书籍、生发药剂和一顶宽松的帽子潜入夜室。万幸的是，其时正值入冬，我戴上那顶红帽子虽说牵强，但也不至于遭人盘问。那呆子正在外地，使我有可能趁隙与这该死的脱发作殊死而不懈的斗争。想到此，心底绝望之余又升起了一丝希望。

但枫还是回来了。一个周末下午，我在食堂吃饭，枫冷不丁地来了，问："你怎么戴了一顶红帽儿？身上还有药味，生病了吗？"

"你闻到了什么味？"我紧张极了，可怜兮兮地反问。

谁知那呆子看着我饭钵上的菜，笑了："哈哈，胡萝卜炖羊肉，老实交代，是不是为我买的？"

我又好气又好笑，忙不迭地给他买了一份，心想到底是一个憨实的书虫。镇静下来后，心里莫名其妙地有了一点儿遗憾。难道他除了羊肉，真的再没有其他发现？

突然，枫停止咀嚼，一把托住我打过点滴的左手，在我手臂上左闻右嗅。我生怕他发现了真相，扭头避开他的目光，唬他："我得了白血病。"

那呆子急了："好生生的一个姑娘怎么长着一副乌鸦嘴。"

我抽出手帮他扶正了鼻尖上的眼镜，心里一动，嘴上说："少贫嘴，吃完回校复习功课去。"

人皆云：恋爱中的女孩最美丽。我却惨到混迹于美容院的地步，把从口里抠出来的"油水"换成美容美发的服务票，内涂外服，憔悴了身心。虽然我用尽了一切办法，头上秀发仍没有复苏的迹象，那一丝可怜的希望像越飘越远的柳絮，再也抓不住了。我绝望极了，伤心极了，为自己也为枫。

有很多次，我都想告诉枫真相，但我实在没有勇气破坏自己在枫心目中的形象。枫一次一次打电话来约会，我试图用各种理由拒绝，却又难以自圆其说，只能残忍而舫道地冲着电话说"不！"

枫其实是一个非常腼腆羞涩的男孩，过了很久，才在一个周六的黄昏跑到寝室找我。那天，我自己跟自己倔上了，满怀无颜以对的悲凄，悲壮地怂恿他与我分手。他无言地站在门口，帅气的脸上写满委屈、哀伤与不解。我没有心软，迅疾地关上了门。好久，我听见枫离开的脚步声，沉重地敲打着我的心。当天晚上10点，宿舍管理员找我接电话，我知道是枫打来的，犹豫了一阵，才跑过去接听。当我抓起话筒，留给我的却是一片死寂。这也许是天意，我对自己说。我轻轻地放下了话筒，电话又尖锐地响了起来，这一次是长久、固执地。我流下了泪，是枫，一定是枫！我小心地拿起它，几乎是喊叫起来："枫，我把真相告诉你吧……"电话那端沉默了一会儿，一个男孩怯生生地说："对不起，请帮忙找一下二楼217房间的李小雪。"

第二天，我称病没有去上课。我把自己关在屋里，睡了整整三天。三天过去了，没有枫的任何消息。我努力地抗拒着要去找枫的强烈念头，却又下意识地捧起与枫的合影，回想与他相恋四年的点点滴滴，不禁暗自神伤。

过了半个月，还没有枫的任何消息，我实在不能忍受这样自伤的痛苦。幸好到了毕业实习阶段，原本系里安排我留校的，我找到了系主任，央求安排我到长沙一家工厂实习。我几乎是逃一样离开了武汉。在长沙的一百多个日日夜夜里，我感到了深深的后悔。然而能怪谁呢，假如爱情是一只美丽的风筝，正是我残忍地剪断了那根长长的红丝线。我因为没有那美丽的、飘飘的长发了啊！

转眼到了毕业舞会，我静静地躲在一隅。激昂而忧伤的萨克斯音乐弥漫天际地飞舞着，一对对恋人在我孤独的世界之外甜蜜地晃来晃去，幽幽的灯光投射到我的身上，倾下一片令人神伤的凄凉。我的眼泪一点一点地漫上来，今天大家都是欢乐的，而我游离于欢乐之外。

"现在，舞会进入最后一曲。"主持人宣布，我心里默念，该结束了，我的大学，还有我的初恋。

这时，枫不知从什么地方冒了出来，目光定定地冲到我的跟前，声音嘶哑地说："我不管了，任它溺水三千，我只要梁子湖（我家乡的湖泊）一瓢饮。"说完，在众人的注目中霸道地拉着我的手，将我旋入舞池。我的红帽儿被人碰掉了。枫欣赏似的看着我又稀又短的头发，说："你怎么理了个摇滚歌手头？挺好。"枫的宽容让我眼眶一热，周围的一切都仿佛停止了，一种久违的幸福牢牢地包围了我……

心灵感悟

爱情就像大自然的四季，繁富而丰赡，初恋就像早春，青涩但留下回忆；热恋像盛夏的牡丹给你多少富丽，也张扬了你最本质的人性；秋之野菊给你颐间余香，你真正品味了爱情的风景；冬季的阳光温暖你的爱河时，你的生命才会像一本大书，让人越读越香！

爱情不是说你等就可以来的，有的时候还需要自己的努力才行。爱情尚未出现时，我们可能会充满着好奇与企盼，但当爱情真正降临时，我们充满了激动与雀跃。一旦当爱情"得手"后，我们如果变得渐渐慵懒和困倦。那么在爱情失去后，你就会流下悔意的泪水，因此，我们每一个人都应该好好去珍惜身边的人和这段情。

无情的误解

一个个无情的误解，纷乱了幸福的脚步。当命运的死结终于用代价打开，一切都为时已晚，接婆婆来家安度晚年，结果却背离我们的初衷。

温暖——让心灵去旅行

结婚两年后，先生跟我商量把婆婆从乡下接来安度晚年。先生很小时父亲就过世了，他是婆婆唯一的寄托，婆婆一个人扶养他长大，供他读完大学。"含辛茹苦"这四个字用在婆婆的身上，绝对不为过！我连连说好，马上给婆婆收拾出一间南向带阳台的房间，可以晒太阳、养花草什么的。先生站在阳光充足的房间里，一句话没说，却突然举起我在房间里转圈，在我张牙舞爪地求饶时，先生说："接咱妈去。"

先生身材高大，我喜欢贴着他的胸口，感觉娇小的身体随时可被他抓起来塞进口袋。当我和先生发生争执而又不肯屈服时，先生就把我举起来，在脑袋上方摇摇晃晃，一直到我吓得求饶。这种惊恐的快乐让迷恋。

婆婆在乡下的习惯一时改不掉。我习惯买束鲜花摆在客厅里，婆婆后来实在忍不住了："你们娃娃不知道过日子，买花干什么？又不能当饭吃！"我笑着说："妈，家里有鲜花盛开，人的心情会好。"婆婆低着头嘟哝，先生就笑："妈，这是城里人的习惯，慢慢的，你就习惯了。"婆婆不再说什么，但每次见我买了鲜花回来，依旧忍不住问花了多少钱，我说了，他就"啧啧"咂嘴。有时，见我买大包小包的东西回家，她就问这个多少钱那个多少钱，我一一如实回答，她的嘴就咂的更响了。先生拧着我的鼻子说："小傻瓜，你别告诉她真实价钱不就行了吗？"

快乐的生活渐渐有了不和谐音。婆婆最看不惯我先生起来做早餐。在她看来，大男人给老婆烧饭，哪有这个道理？早餐桌上，婆婆的脸经常阴着，我装作看不见。婆婆便把筷子弄得丁当乱响，这是她的抗议。我在少年宫做舞蹈老师，跳来跳去已够累的了，早晨暖洋洋的被窝，我不想扔掉这唯一的享受，于是，我对婆婆的抗议装聋作哑。婆婆偶尔帮我做一些家务，她一做我就更忙了。比如，她把垃圾袋通通收集起来，说等攒够了卖废塑料，搞得家里到处都是废塑料袋；她不舍得用洗洁精洗碗，为了不伤她的自尊，我只好偷偷再洗一遍。一次，我晚上偷偷洗碗被婆婆看见了，她"啪"的一声摔上门，趴在自己的房间里放声大哭。先生左右为难，事后，先生一晚上没跟我说话，我撒娇、耍赖，他也不理我。

我火了，问他："我究竟哪里做错了？"先生瞪着我说："你就不能迁就一下，碗再不干净也吃不死人吧？"

后来，好长一段时间，婆婆不跟我说话，家里的气氛开始逐渐尴尬。那段日子，先生活得很累，不知道要先逗谁开心好。

婆婆为了不让儿子做早餐，义无反顾地承担起烧早饭的"重任"。婆婆看着先生吃得快乐，再看看我，用眼神谴责我没有尽到做妻子的责任。为了逃避尴尬，我只好在上班的路上买包奶打发自己。睡觉时，先生有点生气地问我："芦荻，是不是嫌弃我妈做饭不干净才不在家吃？"翻了一个身，他扔给我冷冷的脊背任凭我委屈的流泪。最后，先生叹气："芦荻，就当是为了我，你在家吃早餐行不行？"我只好回到尴尬的早餐上。那天早晨，我喝着婆婆烧的稀饭，忽然一阵反胃，肚子里所有的东西都抢着向外奔跑，我拼命地压制着不让它们往上涌，但还是没压住，我扔下碗，冲进卫生间，吐得稀里哗啦。当我喘息着平定下来时，见婆婆夹杂着家乡话的抱怨和哭声，先生站在卫生间门口愤怒地望着我，我干张着嘴巴说不出话，我真的不是故意的。我和先生开始了第一次激烈的争吵，婆婆先是瞪着眼看我们，然后起身，蹒跚着出门去了。先生恨恨地瞅了我一眼，下楼追婆婆去了。

意外迎来新生命，却突然葬送了婆婆的性命！

整整三天，先生没有回家，连电话都没有。我正气着，想想自从婆婆来后，我够委屈自己了，还要我怎么样？莫名其妙地，我总想呕吐，吃什么都没有胃口，加上乱七八糟的家事，心情差到了极点。后来，还是同事说："芦荻，你脸色很差，还是去医院看看吧。"

医院检查的结果是我怀孕了。我明白了那天早晨我为什么突然呕吐，幸福中夹着一丝幽怨：先生和作为过来人的婆婆，他们怎么就丝毫没有想到这呢？

在医院门口，我看见了先生。仅仅三天没见，他憔悴了许多。我本想转身就走，但他的模样让我心疼，没忍住，我喊了他。先生循着声音看见了我，却好像不认识了，眼神里有一丝藏不住院的厌恶，它们冰冷地刺伤了我。我跟自己说不要看他，不要看他，伸手拦了一辆出租车。那时，我多想向先生大喊一声："亲爱的，我要给你生宝贝了！"然后被他举起来，幸福地旋转。我希望的没有发生。在出租车里，我的眼泪才迟迟地落下来。为什么一场争吵就让爱情糟糕到这样的程度？回家后，我躺在床上想先生，想他满眼的厌恶。我握着被子的一角哭了。

夜里，家里有翻抽屉的声音。打开灯，我看见先生泪流满面的脸。他正在拿钱。我冷冷地看着他，一声不响。他对我视若不见，拿着存折和钱匆匆离开。或许先生是打算彻底离开我了。真是理智的男人，情与钱分得如此清楚。我冷笑了几下，眼泪"哗啦哗啦"地流下来。

第三篇 ◆ 谁听见蝴蝶的歌唱

第二天，我没去上班。想彻底清理一下自己的思绪，找先生好好谈一次，找到先生的公司，秘书有点奇怪地看着我说："陈总的母亲出了车祸，正在医院里呢。"

我瞠目结舌。

飞奔到医院，找到先生时，婆婆已经去了。

先生一直不看我，一脸僵硬。我望着婆婆干瘦苍白的脸，眼泪止不住流了下来：天哪！怎么会是这样？直到安葬了婆婆，先生也没跟我说一句话，甚至看我一眼都带着深深的厌恶。

关于车祸，我还是从别人嘴里了解到大概，婆婆出门后迷迷糊糊地向车站走，她想回老家，先生越追，她走得越快，穿过马路时，一辆公交车迎面撞过来……

我终于明白了先生的厌恶，如果那天早晨我没有呕吐，如果我们没有争吵，如果……在他的心里，我是间接杀死他母亲的罪人。

先生默不作声搬进了婆婆的房间，每晚回来都满身酒气。而我一直被愧疚和可怜的自尊压得喘不过气来，想跟他解释，想跟他说我们快有孩子了，但看着他冰冷的眼神，又把所有的话都咽了回去。我宁愿先生打我一顿或者骂我一顿，虽然这一切事故都不是我的故意。

日子一天一天地窒息着重复下去，先生回家的时间越来越晚。我们僵持着，比陌路人还要尴尬。我是系在他心上的死结。

一次，我路过一家西餐厅，穿过透明的落地窗，我看见先生和一个年轻女孩面对面坐着，他轻轻地为女孩拢了拢头发，我就明白了一切。先是呆，然后我进了西餐厅，站在先生面前，死死盯着他看，眼里没有一滴泪。我什么也不想说，也无话可说。女孩看看我，看看我先生，站起来想走，我先生伸手按住她，然后，同样死死地、绝不示弱地看着我。我只能听见自己缓慢的心跳，一下一下跳动在濒临死亡般的苍白边缘。

输了的是我，如果再站下去，我会和肚子里的孩子一起倒下。

那一夜，先生没回家，他用这样的方式让我明白：随着婆婆的去世，我们的爱情也死了。先生再也没有回来。有时，我下班回来，看见衣橱被动过了——先生回来拿一点自己的东西。我不想给他打电话，原先还有试图向他解释一番的念头，一切都彻底失去了。

我一个人生活，一个人去医院体检，每每看见有男人小心地扶着妻子去做体检，我的心便碎的不像样子。同事隐约劝我打掉算了，我坚决说不，我发疯了一样要生下这个孩子，也算对婆婆的死的补偿吧。我下班回来，先生坐在客厅里，满屋子烟雾弥漫，茶几上摆着一张纸。没必要看，我知道上面是什么内容。先生不在家的两个多月，我逐渐学会了平静。我看着他，摘下帽子，说："你等一下，我签字。"先生看着我，眼神复杂，和我一样。

我一边解大衣扣子一边在心里对自己说："不哭不哭……"眼睛很疼，但我不让它们流出眼泪。挂好大衣，先生的眼睛死死盯在我已隆起的肚子上。我笑笑，走过去，拖过那张纸，看也不看，签上自己的名字，推给他。"芦荻，你怀孕了？"自从婆婆出事后，这是先生第一次跟我说话。我再也管不住眼睛，眼泪"哗啦"地流下来。我说："是啊，不过没事，你可以走了。"

先生没走，黑暗里，我们对望着。先生慢慢趴在我身上，眼泪渗透了被子。而在我心里，很多东西已经很远了，远到即使我奔跑都拿不到了。不记得先生跟我说过多少遍"对不起"了，我也曾经以为自己会原谅，却不能，在西餐厅，先生当着那个女孩的面，看我的冰冷的眼神，这辈子我都忘记不了。我们在彼此心上划下了深深的伤痕。我的，是无意的；他的，是刻意的。

期待冰释前嫌，但过去的已无法重来！

除了想起肚子里的孩子时心里是暖的，而对先生，我心冷如霜，不吃他买的任何东西，不要他的任何礼物，不跟他说话。从在那张纸上签字起，婚姻以及爱情统统在我的心里消亡。有时先生试图回卧室，他来，我就去客厅，先生只好睡回婆婆的房间。夜里，从先生的房间有时会传来轻微的呻吟，我一声不响。这是他习惯玩的伎俩，以前只要我不理他了，他就装病，我就会乖乖投降，关心他怎么了，他就一把抓住我哈哈大笑。他忘记了，那时，我会心疼是因为有爱情，现在，我们还有什么？

先生用呻吟断断续续待到孩子出生。他几乎每天都在给孩子买东西，婴儿用品，儿童用品，以及孩子喜欢的书，一包包的，快把他的房间堆满了。

我知道他是用这样的方式感动我，而我已经不为所动。他只好关在房间里，用电脑"劈里啪啦"敲字，或许他正在网恋，但对我已经是无所谓的事了。

转年春末的一个深夜，剧烈的腹痛让我大喊一声，先生一个箭步冲进来，好像他根本就没脱衣服睡觉，为的就是等这个时刻的到来。先生背起我就往楼下跑，拦车，一路上紧紧地攥着我的手，不停地给我擦掉额上的汗。到了医院，背起我就往产科跑。趴在他干瘦而温暖的背上，一个念头忽然闯进心里：这一生，谁还会像他这样疼爱我？先生扶着产房的门，看着我进去，眼神暖融融的，我忍着阵痛对他笑了一下。

从产房出来，先生望着我和儿子，眼睛湿湿地笑啊笑啊的。我摸了一下他的手。先生望着我，微笑，然后，缓慢而疲惫地软塌塌倒下去。我痛喊他的名字……先生笑着，没睁开疲惫的眼睛……我以为再也不会为先生流一滴泪，事实却是，从没有过如此剧烈的疼撕扯着我的身体。医生说，我先生的肝癌发现时已是晚期，他能坚持这么久是绝对的奇迹。我问医生什么时候发现的？医生说5个月前，然后安慰我："准备后事吧。"

我不顾护士的阻拦，回家，冲进先生的房间打开电脑，心一下子疼得窒息了。

先生的肝癌在5个月前就已发现，他的呻吟是真的，我居然还以为……电脑上的20万字，是先生写给儿子的留言：

孩子，为了你，我一直在坚持，等看你一眼再倒下，是我现在最大的愿望……我知道，你的一生会有很多快乐或者遇到挫折，如果我能够陪你经历这个成长历程，该是多么快乐，但爸爸没有这个机会了。爸爸在电脑上，把你一生可能遇到的问题一一地写下来，等你遇到这些问题时，可以参考爸爸的意见……

孩子，写完这20多万字，我感觉像陪你经历了整个成长过程。真的，爸爸很快乐。好好爱你的妈妈，她很辛苦，是最爱你的人，也是我最爱的人……从儿子去幼儿园到读小学、读中学、大学，到工作以及爱情等方方面面，事无巨细都写到了。

先生也给我写了信：

亲爱的，娶了你是我一辈子最大的幸福，原谅我对你的伤害，原谅我隐瞒了病情，因为我想让你有个好的心情等待孩子的出生……亲爱的，如果你哭了，说明你已经原谅我了，我就笑了，谢谢你一直爱我……这些礼物，我担心没有机会亲自送给孩子了，麻烦你每年替我送他几份礼物，包装盒子上都写着送礼物的日期……

回到医院，先生依旧在昏迷中。我把儿子抱过来，放在他身边，我说："你睁开眼笑一下，我要让儿子记住他在你怀抱里的温暖……"

先生艰难地睁开眼,微微地笑了一下。儿子偎依在他怀里,舞动粉色的小手。

我"喀嚓喀嚓"按快门,泪水在脸上恣意地流……

心灵感悟

在漫长的婚姻生活中,夫妻两人难免产生误会。有一些误会吵吵闹闹过后就会烟消云散,有一些误会则像解不开的结,将两颗心折磨得痛苦不堪。

包容、沟通、忍让永远都是婚姻的主旋律,缺少了这些,婚姻和爱情就不再坚固;缺少了这些,误会就会越来越大,最终成为葬送幸福的刽子手。

一碗馄饨的情谊

这天,白云酒楼里来了两位客人,一男一女,四十岁上下,穿着不俗,男的还拎着一个旅行包,看样子是一对出来旅游的夫妻。

服务员笑吟吟地送上菜单。男的接过菜单直接递女的,说:"你点吧,想吃什么点什么。"女的连看也不看一眼,抬头对服务员说:"给我们来碗馄饨就行了!"

服务员一怔,哪有到白云酒楼吃馄饨的?再说,酒楼里也没有馄饨卖啊。她以为自己没听清楚,不安地望着那个女顾客。女人又把自己的话重复了一遍,旁边的男人这时候发话了:"吃什么馄饨,又不是没钱!"

女人摇摇头说:"我就是要吃馄饨!"男人愣了愣,看到服务员惊讶的目光,很难为情地说:"好吧。请给我们来两碗馄饨。"

"不!"女人赶紧补充道,"只要一碗!"男人又一怔,一碗怎么吃?女人看男人皱起了眉头,就说:"你不是答应的,一路上都听我的吗?"

男人不吭声了,抱着手靠在椅子上。旁边的服务员露着了一丝鄙夷的笑意,心想:这女人抠门抠到家了。上酒楼光吃馄饨不说,两个人还只要一碗。她冲女人撇了撇嘴:"对不起,我们这里没有馄饨卖,两位想吃还是到外面大排档去吧!"

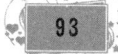

女人一听，感到很意外，想了想才说："怎么会没有馄饨卖呢？你是嫌生意小不愿做吧？"

这会儿，酒楼老板张先锋恰好经过，他听到女人的话，便冲服务员招招手，服务员走过去埋怨道："老板，你看这两个人，上这只点馄饨吃，这不是存心捣乱吗？"

店老板微微一笑，冲她摆摆手。他也觉得很奇怪：看这对夫妻的打扮，应该不是吃不起饭的人，估计另有什么想法。不管怎样，生意上门，没有往外推的道理。

他小声吩咐服务员："你到外面买一碗馄饨回来，多少钱买的，等会结账时多收一倍的钱！"说完他拉张椅子坐下，开始观察起这对奇怪的夫妻。

过了一会儿，服务员捧回一碗热气腾腾的馄饨，往女人面前一放，说："请两位慢用。"

看到馄饨，女人的眼睛都亮了，她把脸凑到碗面上，深深地吸了一口气，然后，用汤匙轻轻搅拌着碗里的馄饨，好像舍不得吃，半天也不见送到嘴里。

男人瞪大眼睛看着女人，又扭头看看四周，感觉大家都在用奇怪的眼光盯着他们，顿感无地自容，恨恨地说道："真搞不懂你在搞什么，千里迢迢跑来，就为了吃这碗馄饨？"

女人抬头说道："我喜欢！"

男人一把拿起桌上的菜单："你爱吃就吃吧，我饿了一天了，要补补。"他便招手叫服务员过来，一气点了七八个名贵的菜。

女人不急不慢，等男人点完了菜。这才淡淡地对服务员说："你最好先问问他有没有钱，当心他吃霸王餐。"

没等服务员反应过来，男人就气红了脸："放屁！老子会吃霸王餐？老子会没钱？"他边说边往怀里摸去，突然"咦"的一声："我的钱包呢？"他索性站了起来，在身上又是拍又是捏，这一来竟然发现手机也失踪了。男人站着怔了半晌，最后将眼光投向对面的女人。

女人不慌不忙地说道："你别瞎忙活了，钱包和手机我昨晚都扔到河里了。"

男人一听，火了："你疯了？"女人好像没听见一样，继续缓慢地搅拌着碗里的馄饨。男人突然想起什么，拉开随身的旅行包，伸手在里面猛掏起来。

女人冷冷说了句："别找了，你的手表，还有我的戒指，咱们这次带出来所有值钱的东西，我都扔河里了。我身上还有五块钱，只够买这碗馄饨了！"

男人的脸刷地白了，一屁股坐下来，愤怒地瞪着女人："你真是疯了，你真是疯了！咱们身上没有钱，那么远的路怎么回去啊？"

女人却一脸平静，不温不火地说："你急什么？再怎么着，我们还有两条腿，走着走着就到家了。"

男人沉闷的哼了一声。女人继续说道："二十年前，咱们身上一分钱也没有，不也照样回到家了吗？那时候的天，比现在还冷呢！"

男人听了这句，不由得瞪直了眼："你说、你说什么？"

女人问："你真的不记得了？"男人茫然的摇摇头。

女人叹了口气："看来，这些年身上有了几个钱，你就真的把什么都忘了。二十年前，咱们第一次出远门做生意，没想到被人骗了个精光，连回家的路费都没了。经过这里的时候，你要了一碗馄饨给我吃，我知道，那时候你身上就剩下五毛钱了……"

男人听到这里，身子一震，打量了四周："这、这里……"

女人说："对，就是这里，我永远也不会忘记的，那时它还是一间又小又破的馄饨店。"

男人默默地低下头，女人转头对在一旁发愣的服务员道："姑娘，请给我再拿只空碗来。"

服务员很快拿来了一只空碗，女人捧起面前的馄饨，拨了一大半到空碗里，轻轻推到男人面前："吃吧，吃完了我们一块儿走回家！"

男人盯着面前的半碗馄饨，很久才说了句："我不饿。"女人眼里闪动着泪光，喃喃自语："二十年前，你也是这么说的！"说完，她盯着碗没有动汤匙，就这样静静地坐着。

男人说："你怎么还不吃？"女人又哽咽了："二十年前，你也是这么问我的。我记得我当时回答你。要吃就一块儿吃，要不吃就都不吃，现在，还是这句话！"

男人默默无语，伸手拿起了汤匙。不知什么原因，拿着汤匙的手抖得厉害，舀了几次，馄饨都掉下来。最后，他终于将一个馄饨送到了嘴里，使劲儿一吞，整个都吞到了肚子里。当他舀第二个馄饨的时候，眼泪突然"吧嗒""吧嗒"往下掉。

女人见他吃了，脸上露出了笑容，也拿起汤匙开始吃。馄饨一进嘴，眼泪同时滴进了碗里。这对夫妻就这和着眼泪把一碗馄饨分吃完了。

放下汤匙，男人抬头轻声问女人："饱了吗？"

女人摇了摇头。男人很着急，突然他好像想起了什么，弯腰脱下一只皮鞋，拉出鞋垫，手往里面摸，没想到居然摸出了五块钱。他怔了怔，不敢相信地瞪着手里的钱。

女人微笑的说道："二十年前，你骗我说只有五毛钱了，只能买一碗馄饨，其实呢，你还有五毛钱，就藏在鞋底里。我知道，你是想藏着那五毛钱，等我饿了的时候再拿出来。后来你被逼吃了一半馄饨，知道我一定不饱，就把钱拿出来再买了一碗！"顿了顿，她又说道，"还好你记得自己做过的事，这五块钱，我没白藏！"

男人把钱递给服务员："给我们再来一碗馄饨。"服务员没有接钱，快步跑开了，不一会儿，捧回来满满一大碗馄饨。

男人往女人碗里倒了一大半："吃吧，趁热！"

女人没有动，说："吃完了，咱们就得走回家了，你可别怪我，我只是想在分手前再和你一起饿一回，苦一回！"

男人一声不吭，低头大口大口地吞咽着，连汤带水，吃得干干净净。他放下碗催促女人道："快吃吧，吃好了我们走回家！"

女人说："你放心，我说话算话，回去就签字，钱我一分不要，你和哪个女人好，娶个十个八个，我也不会管你了……"

男人猛地大声喊了起来："回去我就把那张离婚协议书烧了，还不行吗？"说完，他居然号啕大哭，"我错了，还不行吗？我脑袋抽筋了，还不行吗？"

女人面带笑容，平静地吃完了半碗馄饨，然后对服务员："姑娘，结账吧。"

一直在旁观看的老板张先锋猛然惊醒，快步走了过来，挡住了女人的手，却从身上摸出了两张百元大钞递了过去："既然你们回去就把离婚协议书烧了，为什么还要走路回家呢？"

男人和女人迟疑地看着店老板，店老板微笑道："咱们都是老熟人了，你们二十年前吃的馄饨，就是我卖的，那馄饨就是我老婆亲手做的！"说罢，他把钱硬塞到男人手中，头也不回地走了……

店老板回到办公室，从抽屉取出那张早已拟好的离婚协议书，怔怔地看了半晌，喃喃自语地说："看来，我的脑袋也抽筋了……"

分手时想想以前，那个陪你甘苦与共的人，一路走来。其实你们的故事并不短。

时间慢慢过去，那些感动却一点一点封存。其实最疼你的人不是那个甜言蜜语哄你开心的人。也许就是在鞋底藏5元钱，在最后的时候把最后一点东西省着给你吃，自己却说不饿的人……

心灵感悟

因为太平常，因为早已习惯，因为太长久，因为早已没了激情，身边的爱常常被我们忽视。然而；正是这个人，不离不弃地陪你走过了最困难的时期；正是这个人，为了让你吃饱，宁愿饿肚子，正是这个人，给了我们最真挚的爱。

爱的示意

为给女儿黛娜找件衣裳好让她参加化装舞会，我在阁楼的旧衣箱里翻来倒去，目光突然触到一只用绸带系着的小盒。我早已忘了里面的东西，不过既是用绸带系着，我想一定装着些有纪念意义的物品吧。

坐在阁楼里，我听见丈夫汤姆在托德的屋里丁丁当当地敲打着。星期六汤姆尽做这些木工活儿：上星期为我做了一只花架，今天又在给托德做采石标本箱。

我提起小盒忙忙地解开绸带，就在揭开盒子的一刹那，我想起了里面的物品——我怎么忘得了呢！这里是我幼年时光的乐园，后来又盛下多少少女的梦幻！里面装有我第一件圣瓦伦丁节（情人节）的礼物，汤姆送给我的；还有一条坠有金足球的链带，那是汤姆上大学时参加校运动队得的纪念品。

我一层层揭开我们相处的岁月：一朵枯萎的玫瑰，我十八岁的生日项链，缠绵的情诗和略带伤感的书信……

往事如潮，我又回到初恋的时光，那金子般的岁月。有多少酸苦而又甜蜜的争吵和泪眼朦胧的和解；有多少青春的狂热和缱绻的相思。汤姆曾是那样专注，那么痴情。

一颗泪珠滴到绸带上，我烦躁地揉了揉眼，提醒自己："兰·纳茜，三十四岁的人了，还有什么浪漫可言？"

一种近似悲凉的情绪袭上心头：好久了，汤姆再不送我华而不实的礼品。我从不怀疑他仍然爱我，当我俩躺在床上悄谈，当他的双臂有力地拥抱着我时，一切仍是那样充实甜美。可我仍然怀念以往溢于言表的恋情，盒里装着的爱的表白。

晚饭时我有些抑郁，托德和黛娜谈得正热火，丝毫没有留意我的情绪，可我知道，有一双眼睛正关切地注视着我。汤姆端了一叠碟子随我走进厨房：

"兰，有什么心事，能不能告诉我？"

我似乎很为难，话说不出口。我揩干了手，从罩衫里掏出那条足球链："还记得不？"

"嗨！"他容光焕发，高兴地咧嘴笑了："从哪儿找到的？"

"阁楼的旧衣箱，一只小盒里。"

"盒里还有好多东西，"我说，"有礼品、有诗，还有我俩来往的书信。那时我们多浪漫，多亲密！像是生活在梦里。"

"兰……"他看得出我要哭了，伸手把我搂在怀里。

"那时你爱我爱得、爱得那么深。"我贴着他的格子呢衬衫喃喃地说，"我们是怎么了，汤姆？当初的柔情哪儿去了？"

"是生活改变了我们，兰。我们从梦中挣脱出来，开始了现实生活。"

"可它多美好！不该变的，我们不该失去那一切！"

他搂着我的手轻轻松开了。

"是的，那一切确实美好，可谁又能永远保持那种激情呢？总要变的。你觉得我们失去了什么，真叫我难过。"他从椅子上拾起报纸，离开了厨房。

我开始刷洗精致的餐具，抚慰自己心灵的创痛，没有考虑他是否也受到刺激。我记起艾米莉姨妈生前送我餐具时说的话：

"记住，孩子，这餐具每天都要用。"

看到我不解的神情，她又说：

"只有不断使用的东西才有其永恒的价值，用的时间越长，它就越珍贵，而它自身也在不断的使用中增色。"

我看了一眼手中的银匙，它的光泽柔弱，却富丽深沉。这些年来我们的银餐具越来越漂亮，我知道，这些银餐具丰富了我生活的岁月，它们本身也更富有价值。

我凝视着窗外。花木丛生的庭院，溶入淡淡的暮霭之中。院里艳丽的玫瑰、丛丛的花木都经过汤姆精心栽种和修剪的。他搭的储藏室，此时多像一座童话世界的小木屋！

那时汤姆热切地拉着我的手，来看他安在储藏室的蓝色白边的门。

"我自知比不上莫戈帝的灵庙，"他得意地扬扬手，"不过还有点风格，对不对？"

"挺有风格哩！"我又是高兴又是羡慕地赞同。

哦，还有，还有他给我的非洲紫罗兰设计的花架，还有托德的采石标本箱——"水晶宫，妈妈，这简直是水晶宫！"——又是一幅爱的杰作。

这些不过是汤姆最近赠送给家庭的几件礼物，他送了我们多少礼物，这些礼物又倾注了一个真正理解了爱和关怀的男子多少心血！

我怎能因为他不再有爱的示意，就认为这是自己生活的缺憾呢？一只纸盒可能容纳我们婚前深深的爱恋，而这个家，却包含了我们日益丰富的人生。

我在围裙上揩干手，听见电视机声，我想，汤姆一定在看晚间新闻，我去找他。

走到门前，我停住了脚步——屋里空无一人。

我知道伤了汤姆的心，不过他总有解脱的办法：把每件事在脑中过滤，想法儿解决。

我正要走开，差点撞到他的怀里，他默默地站在我的身后。

"啊！"我的声音颤抖了，"我正找你哪！"

"我不是在这儿吗？"

"汤姆……"

他从背后伸出手，啊！一朵用信纸包着的玫瑰花——最心爱的花。

"小心点，"他说，"当心刺。"

我扑过去，紧紧拥抱着他。

"是真的，兰，我们不可能回到十八岁，但爱的示意无论哪个年纪都是美妙的。"

他吻了吻我的前额。

"本想再附首诗，可是……"他双唇摩挲着我的脸颊，"有些东西远远不是语言能概括的。"

心灵感悟

爱情就像一杯咖啡，越搅拌就会越香。不管是早已逝去的美好记忆，还是手边触到的浓浓爱意，都是生命中最美丽的风景。

真爱就像茉莉

那是一个漂浮着桔黄色光影的美丽黄昏，我从一本缠绵悱恻、荡气回肠的爱情小说中抬起酸胀的眼睛，不禁对着一旁修剪茉莉花枝的母亲冲口说："妈妈，你爱爸爸吗？"妈妈先是一愣，继而微红了脸，嗔怪道："死丫头，问些什么莫名其妙的问题！"我见从妈妈口中诱不出什么秘密，便改变了问话的方式：

"妈，那你说真爱像什么？"妈妈寻思了一会儿，随手指着那株平淡无奇的茉莉花，说："就像茉莉吧。"

我差点笑出声来，但一看到妈妈一本正经的眼睛，赶忙把很是轻视的一句话"这也叫爱"咽了回去。

此后不久，在爸爸出差归来的前一个晚上，妈妈得急病住进了医院。第二天早晨，妈妈用虚弱的声音对我说："映儿，本来我答应你爸爸今天包饺子给他吃，现在看来不行了，你待会儿就买点现成的饺子煮给你爸吃。记住，要等他吃完了再告诉他我进了医院，不然他会吃不下肚的。"然而爸爸没有吃我买的饺子，也没听我花尽心思编的谎话，他直奔到医院。此后，他每天都去医院。

一个清新的早晨，我按照爸爸特别的叮嘱，剪了一大把茉莉花带到医院去。当我推开病房的门，不禁被跳入眼帘的情景惊住了：妈妈睡在床上，嘴角挂着恬静的微笑；爸爸坐在床前的椅子上，一只手紧握着妈妈的手，头伏在床沿边睡着了，初升的阳光从窗外悄悄地探了进来。轻轻柔柔地笼罩着他们。一切都是那么静谧美好，一切都浸润在生命的芬芳与光泽里。似乎是我惊醒了爸爸。他睡眼蒙眬地抬起头，轻轻放下妈妈的手，然后蹑手蹑脚地走到门边,把我拉了出去。

望着爸爸憔悴的脸和布满血丝的眼睛,我不禁心疼地问:

"爸,你怎么不在陪床上睡?"

爸爸边打哈欠边说:"我夜里睡得沉,你妈妈有事又不肯叫醒我。这样睡,她一动我就惊醒了。"

爸爸去买早点,我悄悄地溜进病房,把一大束茉莉花松松散散地插进空罐头瓶里,一股清香顿时弥漫开来。我开心地想:妈妈在这花香中欣欣然睁开双眼该多有诗意啊,转念又笑自己简直已是不可救药的"耍"浪漫。笑着回头,却触到妈妈一双清醒含笑的眸子:

"映儿,来帮我揉揉胳膊和腿。"

"妈,你怎么啦?"我好生奇怪。

"你爸爸伏到床边睡着了,我怕惊动他不敢动。不知不觉,手脚都麻木了。"

这么简简单单、平平淡淡的一句话,却使我静静地流下泪来。泪眼朦胧中,那丛丛簇簇的茉莉显得更加洁白纯净。它送来缕缕幽香,袅袅娜娜地钻到我们的心中,而且萦萦不去。

哦,爱如茉莉,爱如茉莉。

心灵感悟

真爱是什么?在不同的人眼里,真爱有不同的内涵、不同的象征。

很多时候,爱就像是茉莉,看似平淡无奇,仔细感觉,真爱正像茉莉一般洁白纯净,清幽香远……

爱的痛苦

恋爱是一种病,有它那一套独特的魂牵梦萦的思绪。瞧瞧那个为情所困的可怜人儿吧:一会儿躺在沙发上,除了偶尔从绝望的深渊中长叹一声外,几乎连呼吸都停止了;一会儿又快步激动地走来走去,面色一阵苍白,一阵通红。他给刺扎了吗?是什么倒刺或小昆虫把他螫得这么厉害?

中午,他挥手叫人把没动的饭菜拿走。一失恋,他恨自己的身体,一点儿营养都不要。到十二点半，他收到一封信。她爱他！于是他马上大吃大嚼。朋友跟他打招呼，他也没有怎么搭理，只是左顾右望，想不起那个跟他打招呼的人是谁。他心烦意乱，拿起一份杂志，却站在那里发呆，不知道自己手里拿的究竟是什么。

啊，爱神，你这淘气孩子，你把人捉弄得多么惨！

你看，那个忧愁的人倚着墙壁，因为晕眩，一只手遮着眼睛，另一只手捂住胸口来压抑急剧的心跳。只要一想起情人的一点倩影——哪怕是个脚趾，或是一块围巾——就立刻眉飞色舞，痴迷若狂。可是，且慢！他忽然想起了对方轻微的藐视，马上又满面愁容，胀得通红，现出一条条皱纹。见此种种就是爱情的乐趣。但愿我们不为这种幸福所苦。

每一种病都有它的领域。疯狂发生于脑，腰痛来自椎骨，爱情的痛苦则源于名为自主神经系统、由结和纤维构成的网。原来情欲的根本奥秘，竟隐藏在这看不见的网状组织里，真是意想不到。恶作剧的造物主早作安排，使人类男女两性各有相反的内分泌素；现在又为这种原始的仪式覆上一层魔幕，就是自主神经系统的困难之网。这系统要是有故障或缺陷就产生爱情的痛苦。

从头盖骨的底部到尾骨的尖端，在每一节脊椎骨的前边，都有一对小结链向左右分出，每根小结链都和脊髓连接，而且互相通连。一束束的神经从那些小结伸展出去，在布满全身各处的大量中继站集合而成为神经节。各神经节是经由一个电路式的系统彼此保持组织上的接触，这系统复杂而多变，使所有的电脑都为之失色。

这里全是化学物质的冲击和波浪式的波动，将恐惧、自尊和嫉妒转到肉体上。这里藏着渴慕和热情，爱情就是这样形成的。兴奋波由极细微的小神经传送到达身体各毛细管、毛囊和汗腺。肠子的平滑肌、泪腺、膀胱和生殖器，都受到这神经结和纤维构成不断振动的自主神经系统的轰击。它所发出的命令不可胜数，一切都是那样忙碌而兴奋。

我们必须指出，自主神经系统不会为智力或意志力所削弱。直觉在这里主宰了一切，完全信赖于肉体，因为它把我们生命中所有的爱憎都老老实实地表达出来。

你期待明天的爱情？或回忆昨天的爱情？这念头马上就被自主神经系统捕捉到了。它发挥点金术一般的作用，把愿望和梦想化为十足的现实。脸上的亿万毛细管都张大，充满了血液，你脸红了，更娇艳了。如果爱情遭受拒绝了呢？又是一阵波浪式的波动，毛细管内部收缩，把血液从表面挤到更集中于一处。现在你面色苍白，像死人一般，毫无血色，手指尖冰凉。

假定你正处于单恋的苦境中。你和情人正同坐饭馆的餐桌旁。你伸手拿盐时，她伸手拿胡椒。你们的手无意中相碰。自主神经系统突然立即发挥作用，你的手像被火烧灼而缩了回来。现在你面颊上的毛细管奉令张大，都充满了血。你皮肤的血色可以看得见，你的脸从微红变得赤红。"唷，你脸红了。"她残酷地微笑着说。

甚至在她说话时，你的汗腺便已经大大张开，汗出如洗，全身湿透。她看见了，扬了一扬眉。现在你听得很清楚，自己的肠子在咕噜作响。你用手捂着肚子使它不发声。但是她听见了！邻桌的人也听见了。她站起身来，忽然间，到她该走的时候了。倒霉的情人，你是受自己的自主神经系统的摆布，由于它泄漏了你的底细，使你狼狈不堪。

尽管爱情是不治之症，但还是有希望。如果受害人能熬过几个剧烈的阶段，他就可以期望爱情害人的力量大减，终于自消自灭。这不失为一件好事。一个人如果长期被海枯石烂般的不渝爱情狂热所折磨，最后灯干油尽，必然早死。

不过我们还是梦想能找出治疗方法。如果有人发明这种方法，赠以一千个诺贝尔奖也不算多。因此我作了一个初步的假定（可称之为预感），认为在身体的某处——也许在膝盖骨的下面，或在第四个脚趾和第五个脚趾之间，总之有这么一处……有个一直还没被注意到的主控腺体，如果把它切除，就可使人对爱情具有免疫力。我每天动外科手术，时时留意寻觅这个"爱情腺"，翻开一些薄膜，或用手伸入人体一些黑暗的腔膛里面探索，想找出点蛛丝马迹，指点迷津。

我也许在有生之年找不到这个爱情腺。但我要继续努力，永不罢休，而且还嘱咐那些追随我的人继续从事这项探索。在没有发现之前，我同意我叔叔的办法，他建议冲一次冷水淋浴，然后绕着街区跑三圈，可以马上解除爱情的痛苦。

心灵感悟

稚嫩的爱情是一束火焰，漂亮、炽热、强烈，但又是柔弱的、闪烁的；成熟和冷静的心灵里产生出来的爱就像是煤，通体蕴藏着经久不息的灼热。

神秘的抽屉

那个秋夜，我住在女友君儿家。

睡眠原本不好的两个女人，在喝了一大杯浓咖啡后，辗转反侧终难入眠，就说闲话玩儿。君儿讲了这件往事：

先生下海后逐渐忙起来，往往回到家已经很晚，晚饭就在外面吃了。我乐得不用服侍他，但母亲紧张起来了，认认真真地提醒我："一个男人，如果连'住家饭'都不惦记着回来吃，那就危险了。他要么有外室，另有人为他做'住家饭'；要么没心情陪你吃饭，宁愿在外面吃，要么……总之，防患于未然，小心乃上上之策。"

我笑。但心里还真是慌慌的：是啊，知人知面难知心哪，尤其这年头。经常从报刊上看到《如何知道你丈夫有外遇》等文章，关于婚外情的蛛丝马迹我早已烂熟于心，并暗暗付诸实践。天啊！还真觉得先生有点那个呢。

不形于色，笑脸依然。

暗寻铁证。

我首先就想到了先生的办公桌。办公桌有个抽屉，从我看见它的那天起就一直锁着。那抽屉定与渣滓洞一样"暗无天日"，我想。我耐心地等待着机会。

这一天终于让我等来了。先生染病在家休养，给了我一大串钥匙嘱我到他的办公室去拿份文件。

一路上我的心都在狂跳。其实，我也说不准到底是希望搜出些什么还是不希望搜出些什么，只晓得我正奔着一个确定的目标而去。

打开办公室的门，很快就在桌面上找到了先生所要的文件。办公室里一片沉寂，除了我的心跳之外就再无别的响动了。我的手汗津津的，紧紧捏着那把能打开神秘抽屉的钥匙……

讲到这里，君儿的双眸晶莹透亮。

凄美动人的时刻就要来了！我凝神屏息。"然而，突然间我竟丧失了打开那抽屉的欲望。"君儿淡淡道，神情美丽而幽远。

"就在那一瞬间，我才发现自己好傻好傻。"君儿一脸的幸福灿烂若花，"人生不易啊，能被所爱的人尽心尽意地爱着，我何必还要苦苦地去搜出他心灵的抽屉里那些怕我难过而深深隐匿起来的瑕疵呢？"

我默默地将这段往事像珊瑚一样珍藏在汹涌的心海深处，连同两行深邃的诗句：我面对太阳而立／就是怕你看到我身后的阴影而伤悲。我终于明了它美丽而深刻的内涵。

心灵感悟

猜疑是夫妻之间和睦相处的蛀虫。夫妻之间最重要的是信任，如果信任没有了，那爱情也就不在了。相守是爱，离开是痛，珍爱婚姻里的每一天吧！

一夫难读

万卷书易懂，一夫难读。

初识后来成了我丈夫的他，是在工作半年之后。阴差阳错地短信联系了数月，不曾与之深交，但一些言语已注入些许关心。

初次见面给我印象极差，乌镇之行，给他挽回些余地，也改变了我对他的一些看法。又数月，已把稳重、细心、宽容这些德性贴在他身上，渴望能深交。不久谈开，才知彼此神往已久。

恋爱中，他体贴入微，少有惰意，极合我意。于是，将人生新的一页揭开。不料，新婚刚过，丈夫即与先前判若两人，一如冬眠的熊，安详、知足。诸事能拖则拖，时时端坐在电视机前，吟唱明日复明日，甚而有时我疲惫不堪，以为路人见此都会相助，他仍巍然不动。心寒之极，时常冷言刺他，眼神未免刻毒。丈夫生气之余，总还有些改进。女人总是要求太高，不满意的地方多多，经常为一些琐事而喋喋不休，如此这般，乍晴乍雨、雨后还晴地过了几月后，感觉婚姻是天堂，亦是地狱。

不久，丈夫外出进修。家中冷清，独自孤眠，再读夫，竟有千般妙处。想丈夫原是倒头就睡的人，因为我有腰痛，时常帮我按摩；每次我先睡，给我关灯、盖被子；忆起以往学校里不愉快，回到家便向丈夫撒气，他满脸是笑耐心劝解，要我学会洒脱。又想"秋高风怒号"时，并无有半件毛衣给丈夫，他毫无怨言……思索间，浓浓情意便不由从心底升起，转而又自责不该如此苛刻、寡情。想来家是最宁静、最温馨、最舒适的避风口，丈夫才会自我松懈，把本性显露，我何必苦苦逼他尽善尽美？他本是一介书生，又要上课，又要进修，还要帮忙处理些学校事务，每天花在路上的时间都要一个多小时，回家也没多大心思关心我和做家务。历数我之种种无理，才明白丈夫极宽容，忍我许多，容我许多。

一梦初醒，我深感丈夫即是一本名著，有平淡，有精彩，横是岭侧为峰，妙处因时而不同。只因距离太近，我一直不肯正视，未曾去读、去品，错过许多欣赏机会。

好在，我悟得还不算晚。

心灵感悟

<u>夫妻之间相处，感恩最重要。拥有一颗感恩的心，才能读懂对方那充满爱意的行动；拥有一颗感恩的心，才能感悟到对方的爱有多么伟大。</u>

爱情中的"平等"

丈夫劳累一天回来，看到结婚以前从来没做过饭的我在举着锅盖当盾炒青菜，说："真是一百个人里也找不到一个的好妻子！"说完去盛饭。他喜欢糙米饭，我喜欢精米饭。他看到盛上来的是硕大而稀松的糙米，又说："真是一百个人里只有一个的好妻子！"吃着饭，我想，也许这便是意识深处的大丈夫主义，我一辈子只好吃糙米了。想到这里，心里有一点凄凉。

吃完饭，丈夫说："你很聪明，不要满足安安静静地上班下班，居家过日子。你可以写作。"但我这时没有听见，只是闻着衣袖上的花生油味，反反复复地衡量着关于家庭中的男女平等问题。

有一天丈夫说大学里的朋友们要聚会，是一个纯男人的聚会。我等啊等啊，开着的窗户外渐渐静下来了，别人家的夜哭郎哭了又睡着了，街对面的夜宵铺砰砰地关了门，他还没回来。我慢慢地从焦躁到委屈，终于愤怒起来。我关上门走到街上。走了一圈，又回到家门口，我想好了，丈夫一定会焦急地抓住我的手问："到哪儿去了？这么晚你碰见坏人怎么办？"

我就冷冷地说:"大家都有会朋友的自由。"我打开家门,丈夫并没回家。

第二天,妈妈打电话给我,说:"你不要丢了自己拼命建立起来的事业。你才25岁。"

我心里很烦乱,下班回到家,饿着肚子打草稿,间或愤愤不平地瞥一眼暮色渐深的厨房,心想,该丈夫做做饭了。丈夫重重地上楼梯,惊讶地冲进房间:"你生病啦?怎么还没做饭?"

我说我就是没做饭,我要写文章。丈夫默默地看了我一眼,放下包,走进厨房。爆油锅了,饭熟了,摆碗了。丈夫叫可以吃饭了。我心烦意乱地走出去,丈夫帮我盛好了饭。吃完不是我烧的饭,我一点也没有平等了的感觉,尤其看到丈夫把奔波了一天的脚搁到桌下的时候。那灯暗暗地照出了丈夫脸上一天的辛苦。我看着他,看他的眉头皱成川字。我心里有什么东西碎裂开来。

夜里,我被一个什么沉重的东西压醒,那是熟睡了的丈夫的头,从枕头上滑到我的胳膊上。沉重的呼吸,蹙着眉尖。在窗帘缝里的微弱月光里,我吃惊地看他。丈夫心里的世界远远不像他白天那么稳重坚强。他的手抓疼了我的手肘,他的头往枕头更柔软的地方钻。那一刻他像个受委屈的男孩。我突然感到有些心痛,我明白了刚刚那一阵碎裂是什么。我想,当一个妻子深深地同情和爱自己丈夫的时候,当她心里充满温柔地体恤他的时候,她和他在精神上就平等了。

心灵感悟

在婚姻里,包容心是两人关系中的润滑剂,抛弃挑剔与任性。仔细去体会你们相处的种种细节,便会有更多地发现。

在她身边,我很累,但离开她,我会心痛

他英俊、儒雅,有着一份不错的工作,是有口皆碑的好男人。没见过像他那样宠老婆的,外面的一切应酬统统推掉,每天下班就直接回家。单位里组织旅游,他也婉拒。同事们笑他,难不成家里放着一个貌若天仙的七仙女?他不回答,只笑。那笑让所有人都相信,他正享受着蜜里调油的

温暖——让心灵去旅行

幸福生活。

去过他们家的人都知道，她并没有如花的美貌。相反，黑且瘦，个子也矮，粗糙、任性、邋遢，他收拾得清清爽爽的家，不到十分钟她就能把杂志、拖鞋、靠垫扔得到处都是。他也不恼，耐心地重新把它们归整齐。有客人来，她和客人争吃头一锅饺子，他歉意地对客人笑："你看，她就是这个脾气……"第一碗饺子，必然先端给她。有时候半夜醒了，她会要他陪着去房顶看星星，他也去。12月的北方，空气仿佛冻结了一般冷硬，看完星星回来，她像根冻僵的冰棍，他把她裹在怀里，一点点暖热。

他这样宠爱她，别人都看得清清楚楚，唯有她一个人不懂。是真的不懂，她的精神出了点问题，除了不断地跟他要吃要喝之外，就是待在家里玩积木，或者把火车开得满屋子跑，用玩具手枪把桌子上的花瓶打碎。有时她甚至会忘记他的名字，有时又会抱着别人叫他的名字。

她以前，也是个聪明灵秀的女子。爱笑，一笑起来就没边没样儿的，走路的脚步是跳跃的，像只展翅欲飞的小鸟。那时，她是精灵古怪的俏黄蓉，他是憨厚朴实的靖哥哥，幸福像一朵开得恣意舒展的花，满世界都是溢满着香。

婚后第三年，她生下儿子，儿子半岁的时候，意外夭折。她就是从那个时候病的，是精神分裂症，住了一年的院，病情时好时坏。医生说："这病去不了根，还是回家养着吧。"

孩子没了，她又疯了，那一路欢快流淌的乐章，至此"喀嚓"一声，弦断了。可是日子还得过下去。他笨手笨脚地学做饭，煎个蛋，把蛋壳打碎在碗里，待一片一片捡出来，锅里的油已经着了火。正熬着粥，突然听到她在客厅里尖叫，赶紧跑过去，她已经把暖瓶茶杯打碎了一地。半夜里他被"哗哗"的水声惊醒，睁眼一看，她浑身湿淋淋地蹲在角落里，不知什么时候拧开的水龙头……他像照顾小孩子一样，要哄她吃饭，陪她做游戏。好一点的时候，她就坐在儿子的房间里抱着儿子的玩具哭，哭得声嘶力竭的，怎么都劝不住。

很累，许多人劝他，她都那样了，你照顾她几年，也算仁至义尽。趁着年轻，离了再找一个。不然，你这辈子可就搭上了。他不答，只是笑笑。阳光好的时候把她打扮得整整齐齐的，牵着她的手上街。她用手一指糖葫芦，他就像热恋中的小情人一样，颠颠地去给她买。她再一指烤红薯，他又颠颠地买来，帮她捧着，等她吃完糖葫芦再递给她。有时候她突然就犯了病，迎着开过来的汽车扑通就躺在马路中间，吓得他脸发白、手发凉，也吓得司机一头的冷汗，连他一起骂神经病。可他还是隔三差五地牵着她的手出来逛街，他怕她待在家里时间久了会闷。

他们就这样，一直过了15年。15年里她的病情反复无常，坏的时候根本不认得他，把家里的锅碗统统敲碎，抱着他又咬又啃，甚至半夜里偷偷起来拿剪刀扎他，好的时候会抱着他被扎伤的胳膊哭，说自己害苦了他……

这个男人是被《读者》报料出来的典型，我和做记者的朋友一起去采访他们。去之前，一路想了很多，关于苦难、关于牺牲和奉献。一个男人，几十年如一日地照顾患病的妻子，其中的艰辛与苦痛，不难想象。

到了之后才发现，完全不是想象中的样子：很干净的家，窗台上有一蓬怒放的梅花，娇小的妻子紧紧地挽着男人的胳膊，有着小鸟依人的温婉。光洁的额头、闪亮的眼睛，让人无法把她和一个患病十多年的人联系在一起。

整个采访过程中，没听到男人说一句抱怨的话。最后，朋友还是没能免俗地问："这么多年，就没有想过放弃她吗？十几年如一日地照顾一个病人，不觉得辛苦吗？"

男人用力揽揽女人的肩，仍然笑。老老实实地说："想过。有一次我真的生气了，想一走了之。但是只下了两个台阶，就再迈不动步子了。是的，我爱她，我没有办法丢下她不管。在她身边，我很累，但离开她，我会心痛，我的幸福，和她有关……"

心灵感悟

"在她身边，我很累，但离开她，我会心痛"，没有哪一句爱情宣言比这句话更加令人动容。这也许正是爱情的最高境界，不管你是贫穷还是富有，不管你是否健康我都依然愿意在你身边陪着你，照顾你。

原来他也在这里

情书掉到卫生间冲跑了

那时我正捧着刚买的烫嘴山芋往前走着，我没有别的毛病，就是嘴特别馋，喜欢吃门口马老头的烤山芋，算命的说我不到25不会谈恋爱，我22岁得好好享受青春。

所以，大学四年我没有恋爱：一是没看上的，二是也没有看上我的。我跟李宇春似的，天天牛仔裤，翻着几个洞，和班里所有男生全是哥们儿，再说，身高也是问题，一米七五，班里最高的男生一米七六点五，和他站在一起，我扶着他的肩说："我如果再穿高跟鞋就是班里海拔最高的了！"

你说，能有谁追我吗？

所以，我还是自己哄自己玩，所以，当杨小昭出现在我面前时，我看着这个顶多一米七四的男生说："你有事吗？"

他交给我一封信，"麻烦你转给周素素。"

周素素是我的下铺，死党。

原来是让我当信使咧，我说你直接找她不就得了，都什么年代了还写信啊。

"写信抒情是我特长啊。"

我这才正眼看了两眼这个特别会抒情的男生，还算顺眼，有鼻子有眼，而且，穿着格子衬衣，带着个篮球，自行车前面的车筐里放着一本海子诗集。

"好吧，"我说，"我帮你这个忙。"然后我自作多情地问："你怎么会认识我？"

"谁不认识你啊，计算机系最高的女生！搞得男生特别郁闷的女生，还有，那次模特大赛你不还得了个鼓励奖吗？""你才鼓励奖呢，我是三等奖！"

兴高采烈地往回走，边走边吃，到宿舍楼门口，烫嘴山芋刚好吃完，肚子疼了，于是跑到卫生间，方便之后才发现，信，掉到了卫生间里，冲跑了，转眼就没了！

我的天啊，那是杨小昭的情书啊！

茫然间不知如何办，打了杨小昭的电话，他说："这么快？"我说："不是，有要事找你。"

我们成了吃友

"这样吧，我说，不如你再写一封吧，那封信，我不小心冲到卫生间下水道去了！"

他看着我，青筋都暴露了出来，"你、你、你怎能这样，那是我费了好大的劲写的啊，你知道我查了多少词典，用了多少形容词吗？我写了3天啊，这精神损失，你得赔。"

我想我真是够倒霉的，我干吗要遇到杨小昭，干吗要接这个活儿，哎，无奈之下，我请杨小昭在小饭店里吃了拉面，他吃的牛肉面，我吃的素汤面，为了安慰他受伤的心灵，我还要了一瓶二锅头，几个小菜，我说："杨小昭，喝点儿小酒，今天晚上加个小班，明天写出来我再给你送去。"

这次的情书，杨小昭又写了3天。3天之后，我接了情书就递给了周素素。

周素素说："干什么呀？"我说："情书呀，杨小昭给你的。"

周素素嫣然一笑："没有早一步，没有晚一步，他恰好错过，昨天，我和我湖北老乡刚吃了定亲饭，我犹豫了好久是要杨小昭还是要他，现在，我决定了，我要我的老乡吧。"

哦，我的天！就是说，如果我前两天送到情书，那么，杨小昭就可能成为周素素的情侣？

当我把这巨大的不幸的消息告诉杨小昭时，他郁闷了5分钟说："不行，你还得请我吃饭，还得安慰我这受伤的心灵。"于是，我们继续吃饭。

这次吃饭之后，我们就成了吃友。反正离毕业还有不到半年，反正我们俩都没有恋爱，两个人吃饭总比一个人好吧。

我无意和比我低的男生谈恋爱，当然，杨小昭更不敢有这个奢望，他说，我这样的女生，是给一米八以上的男生准备的。

在吃了第n次饭之后，为了报答我这么安慰他受伤的心灵，他把他们系最帅最高的男生介绍给我了。

果然是帅，一米八三，还特别像裴勇俊。

我说："你介绍的这个是师奶级的杀手，恐怕会花心。"可我真是好色，我喜欢好看的男生，于是，我很热情地开始与一米八三约会，并且开始在脸上涂脂抹粉，并且尝试穿裙子，有几次路遇杨小昭，他揶揄我穿上裙子像人妖，说我完全失去了那种特立独行的气质。

我说你纯粹是嫉妒吧，看着我幸福难受吧？这样，你去插周素素一足吧，反正男没婚女没嫁，谁都有争取当上正房的自由。

那段时间我十分讨好一米八三，一米八三说让我穿什么我就穿什么，他说我短发不好看，于是我试着留长发，他说我应该画个蓝色眼影，于是我画个蓝色眼影，他说女生不能吃蒜，于是我不吃蒜。

可与杨小昭在一起，我不仅哈哈大笑，我还吃蒜，我还素面朝天，我还当着他的面把鞋脱下来,把腿盘上和他唱东北二人转!

就是这样,一米八三还是说了分手。

与一米八三分手,我居然一滴眼泪也没落,我仍然举着烤山芋吃,仍然趿拉着鞋子穿着麻袋片子的衣服满校园逛,遇到杨小昭时,他叫我:"哥们儿,来,上来,哥哥带你兜风去。"

我坐到杨小昭的自行车前,穿过四月杨花,哈哈地笑着,好像一个没心没肺的人。

离开他怎么会惆怅呢

毕业了,终于要毕业了。

志愿上偷偷写了到西藏去,我要去支边,我不喜欢在太热闹的大城市。虽然父母可以把我留在政府机关,可我一意孤行,一定要去西藏。

没有人知道我要去西藏,我天天嘻嘻哈哈,还是爱吃零食,不停地往嘴里塞东西。

学校里,我短发,哼者《菊花台》,看着最新流行的小说,我这样快乐,这样没心没肺。

快乐里唯一的惆怅是——我不能和哥们儿杨小昭喝点儿小酒了。那个小酒馆,常常是我和他,对饮着,疯着,他给我讲天文地理,我给他讲张爱玲、陆小曼、孔子、卡尔维诺,我们对着吹自己从这里或那里刚捣腾来的学问。

酒馆的老板都认识了我们。

他说,看人家这对多般配。他居然认为我们是一对。天知道我们连手都没有握过。

周素素说:"杨小昭除了个矮点儿没什么不好,要不,你就——"

我说:"你住嘴,你忘记我说过的话了,非一米八以上的不嫁!"

所以,我一直当杨小昭是我哥儿们,所以,在分离的时候我说,再见,哥儿们,再见啦。

送他上火车的时候,我一边跑一边嚷再见,嚷到最后我才发现,我的眼泪已经流下来了。

我才发现,我怎么好像有点喜欢这个个子比我矮的男生?

不然,我怎么会有眼泪?

不然,我怎么会有惆怅呢?

原来他也在这里

我被分配到西藏阿里的一个中学当老师，天苍苍，野茫茫了，连个人影都看不到，树都那么少。

所有的往事都成了美好的回忆。

甚至，我不再恨一米八三另寻了新欢。

我关掉了手机，这地方信号不好，半天也说不了一句话，干脆修身养性，把所有精力投入到学生身上。

半年之后，我又黑又胖，看起来一点儿也不像当年的那个女孩了。

校长让我作为一名优秀老师，代表学校去拉萨开会。我是第一次出公差去拉萨，当我上台发言时，我发现台下坐着一个人。

怎么会是他？

怎么可能是他？

但真的是他，我的酒友，我的哥们儿杨小昭，坐在第三排，胸前也戴着大红花。

我"啊"了一声，匆匆念完就飞了下去，而他也冲我飞了过来，我们在众目睽睽之下就拥抱在了一起，所有人看着我们目瞪口呆！

原来，原来他也在这里！

毕业时我知道，还有一个男生也来了西藏，我并没有打听是谁，原来是杨小昭，原来是他啊！

那天，我们静静地坐在拉萨广场的草地上，看着纯净的天空，我问："为什么你来西藏不告诉我？"

他说："因为我问过好多人，没有人愿意来西藏，我想，那么，让我一个人去追寻自己的梦想吧。"

然后他问"为什么你也没有告诉我？"

我笑了笑说："我总以为，这世上没有和我有同样梦想的人。"

当我们转头看着对方的时候，我的脸红了，他的脸也红了。

他说："来西藏后，我妈说，大概没有姑娘会嫁给我了。"

我对他说："我妈也说了，大概没人会娶一个又黑又胖的姑娘了。"

"要不——"他轻轻说，"要不——我娶？"

"要不——"我轻轻说，"要不——我嫁？"

湛蓝的西藏天空下，他的手，绵绵如小蛇，轻轻伸过来，紧紧地，紧紧地扣住了我的手！

心灵感悟

"于千万人之中遇见了你所要遇见的人,于千万年之中,时间的无涯荒野里,没有早一步,也没有晚一步,刚巧遇上了,那也没有别的话可说了,唯有轻轻地问一声:"哦,原来你也在这里。"原来你也在这里——七个字道尽人生悲欢。在千万人之中,于浩瀚的红尘,你我擦肩而过。在眼神相互交融的那一刹那,我们谁也没有意识到在彼此的生命轮回中对方将占据什么样的位置!

香菇中的爱

男人和女人结婚的时候,家里没钱摆酒席,于是两人跑到外地去,告诉亲朋好友他们旅行结婚了。外地的亲戚管吃管住,热情周到,男人和女人都没觉得生分,可男人还是说:"苦了你了"。女人淡淡地笑着说:"你脑子活,跟了你我不会受苦的。"

两个人玩了五天,最后一天到了。喝了用泉水沏的地道龙井茶,男人想,用剩下的钱让她吃点好的吧。于是两个人到附近的小饭馆吃饭,点了三菜一汤。其中一道菜,是他从未吃过的香菇肉片。香菇,是寻常百姓家少有的菜肴之一。男人坚信贵的就是好的,好不容易带女人下一趟馆子,应该吃点好的。离开饭店的时候,女人问男人:"你很爱吃香菇?"男人说:"是,你呢?"女人微微一愣,幸福地回答:"我也是。"

日子静默流淌,男人和女人的日子过得很穷,也很苦。第二年,女人生孩子的时候,差点难产。男人说:"以后就这一个孩子吧,说什么也不能再生了。"孩子出生,小日子过得更紧巴了。女人的母亲来看她,带了很多鸡蛋和山核桃,边掏边愤愤地说:"叫你不要嫁他,你偏不听,现在让孩子受苦。"女人有泪往肚里流,说:"妈,他对我好着呢,以后会慢慢好起来的。"晚上等母亲回去了,看着为自己敲核桃取肉的男人,她的泪,却再也忍不住,潸然落下。

贫穷的日子里,两人都没忘记香菇肉片这道菜。男人生日,女人生日,孩子生日,春节,中秋节……凡是有些意义的日子,女人尽量买些香菇,没有鲜的可买，就买干的。她记得刚结婚的时候，在外地，男人跟她下馆子，点了一道他爱吃的香菇肉片。他爱吃，就要尽量做给他，不管日子有多苦。

结婚后的第十年，男人和朋友承包一个市政园林的建设，女人给工地上的工人做饭。女人厨艺很好，但拿手的还是香菇炖鸡、香菇肉片这几道菜。别人夸奖的时候，女人在心里偷笑，这些都是为男人学的。

渐渐有了些钱，男人却开始赌博。女人常常等到半夜还不见他回家，就出去找他，找到的时候，一声不吭地看他，然后两个人一起回家，大吵一架。终于在他们结婚的第十三年，男人偷了女人藏好的钱，女人发现了，冲到他打牌的地方，女人把他的牌全扔了。男人追着要打女人，女人带着孩子回了娘家，躲在邻居家的二楼。孩子问她："你和爸爸怎么了？我想回家。"女人哭着说："爸爸不要我们了，以后你跟妈妈过。"

接下来的六个月，女人一直住在娘家。亲戚们都来劝她，但她却谁的话也听不进去。她是真的伤心了。有一次，孩子跑回来说："妈妈，妈妈，我们回家吧，奶奶说，爸爸生病了。"她听了心里非常挂念，但脾气倔强的她想：男人没来接，怎么回去？

快过年了。女人的母亲说："要不就离婚，要不你就回去！"母亲把她拖了回去，男人不在家，屋里一片狼藉。母亲把亲家叫来，这么多年来，两家的老人从来没有一起长谈过，因为当初他们都不同意这门婚事，但是又干涉不了，只能放任自流。谈到中午，女人做好了饭菜，男人也回来了。饭桌上气氛凝重，突然男人的母亲惊奇地问男人："哎？你以前不是说香菇很臭吗？什么时候学会吃的？"男人不好意思地抓抓头，说："结婚的时候在杭州，没什么好菜，点了个香菇肉片，小英喜欢吃，也经常做，就喜欢上了。"

小英是女人的名字。女人的母亲回过头问她："你喜欢吃香菇？什么时候的事情？你也说香菇很臭的啊？"女人说："他点了那么贵的菜，我不想浪费，勉强吞下去的。他说他爱吃，我就经常买给他吃，后来，吃多了，发现香菇真的很香。"说这些话的时候，女人是微笑的，可温热的眼泪却一直顺着脸颊流下来，滴进饭碗里。原来两个人都傻了这么多年啊，为了爱的人，要忍受不喜欢吃的香菇。慢慢熟悉了香菇的味道，却在琐碎的生活里，忘记了最初的爱。

又一年春天，男人和女人再到外地，最后一天还是下馆子，点了四菜一汤，全都是带香菇的菜。我静静地听他们说着那年的那次旅行中的故事。最后他们说："倘使时间让我们遗忘了爱,那么我们还会带着你来温习。"

心灵感悟

爱情中的人都有一个共同特点，就是"你喜欢，所以我也喜欢"。这种感情无需表达，隐藏在生活的点点滴滴中。当爱情出现危机时，当时间冲淡爱情之后，不妨拿出来温习，让我们重新体会曾经那爱的滋味。

爱的萌芽无处不在

姐姐和姐夫是经人说合，见过几次面后结婚的。姐姐说，那个时候没有爱情，两个人凑合着过日子而已。

婚后，他们经常吵架，有时候还动手。这种吵吵闹闹的情况一直持续到姐姐怀孕，那时候他们已经结婚两年有余。

姐姐临产时，我和父母都在医院。当然，姐夫也在。我和父母在医院走廊的长椅上坐着聊家常，时而看看产房的动静。姐夫在那里坐立不安，不时地走来走去。

终于，室内传来一声婴儿清脆的啼哭。我们四个同时冲向产房门口。姐夫走在最前面，他一把拉住刚出门的护士，焦急地问："大人怎么样？"护士说很好。他又问："孩子呢？"最后问的是："男孩还是女孩？"在得到大人孩子安好的消息后，他脸上露出欣慰的笑容，做了一个感谢上帝的动作。日后，我和姐姐聊到那天的情况，我说了姐夫问护士的几句话。姐姐惊喜地问："他真的是先问大人的情况吗？"我点头。我看到姐姐脸上飞起两朵红云。那以后，姐姐和姐夫的关系亲密起来。

那一刻，我终于明白当年姐夫在产房外说的那三句话的顺序，给他们的感情带来怎么样的促进。因为做护士的嫂子曾告诉我，绝大多数男人在那种情况下问话的顺序是"男孩还是女孩，孩子怎么样，大人怎么样"。

原来，爱的萌芽无处不在。有时候，爱就隐藏在几句话的不同顺序中。

心灵感悟

生活中不缺少美，缺少的是发现美的眼睛。同样，生活中不缺少爱，缺少的是那颗善感的心。细心体味就会发现，爱人之间，亲昵与惦念无处不在。

爱，就是"我愿意"

她穿着鱼尾裙，珍珠般光洁的肌肤，如海水般深邃的目光，但她的脸庞上没有嘴——是的，因为她不会说话，她把自己美妙的声音作为获得爱情的交换条件交给了厄运巫婆。

从2008年3月开始，去往美国纽约的游客，都会在临海公园里看到这座石雕。你千万别以为它是"海的女儿"的翻版，导游会提醒你："这座雕塑是艾弗尼吉小镇居民送给珍妮和她丈夫的特殊礼物，他们的爱情故事拥有比童话更美好的结局。"

1978年1月初的一个黄昏，艾弗尼吉小镇的女孩珍妮端着一盒自己制作的"泡沫蛋糕"来到邻居家，将蛋糕送给萝丝太太品尝，同时跟她商量自己的结婚事宜。眼看婚期一天天逼近，珍妮的心里充满了甜蜜的期待。

珍妮与萝丝太太说着话。随着窗外清冷连绵的冬雨越下越大，她的心情沉重晦暗起来。斯蒂夫开着破旧的老爷车去城里购物，按说早该回来了，但愿他不要出什么事……

小镇医院突然打来电话，斯蒂夫出车祸了，需要做截肢手术。放下电话，珍妮冲进雨里。在医院急诊室，珍妮看见了斯蒂夫，因为麻醉剂的作用，他还未苏醒。珍妮亲吻他苍白的面容，手指轻柔地抚过被单下他刚做过截肢手术的下半身，那儿已经空了。

斯蒂夫醒来后，对珍妮说："我们解除婚约吧！"他的语气坚决而冷漠。珍妮知道，斯蒂夫是不想成为她的累赘。他虽然装了假肢，然而因为脊椎受损，他这一生都将与轮椅为伴。

珍妮试图说服斯蒂夫改变决定，她回忆起二人青梅竹马的童年往事、初恋时令人怦然心动的海誓山盟……然而，无论珍妮怎么努力，斯蒂夫执意将自己封闭在无边无际的绝望中，甚至不再见珍妮。

几个月后的一天，斯蒂夫独自坐轮椅去医院复诊，意外地看见了掩面而哭的珍妮从医院走出来，她一定发生了什么事。斯蒂夫摇着轮椅悄悄追了上去，一直跟踪到小镇西郊的海滩上，他远远地看见珍妮停下了脚步。

差不多一个月没见了，珍妮消瘦得像朵失去了水分的花。看见轮椅

温暖——让心灵去旅行

在沙滩上碾出的两道印痕，珍妮发现了斯蒂夫，她默默地将手中的病情诊断书递给他，上面写着"喉内肿瘤"。病理化验结果虽然是良性，但必须做切除手术，而手术会破坏声带，也就是说，手术后的珍妮将不能发声说话。珍妮低沉地说："你提出分手是对的，我们都是残缺不全的人，不配拥有完美无缺的爱，生活永远不可能像童话那样。"

一阵海风轻轻吹到了斯蒂夫的脸上，他感到刺骨的寒冷。这一刻，他才发现自己是如此深爱着这个女孩。他的心里一阵阵刺痛，他轻轻拥着珍妮说："别难过，等你做完手术，春天的花就开了，那时我们结婚，好吗？"

珍妮的身体轻轻颤动，这正是她一直等待的那句话啊，这句穿越命运悲欢的爱情誓言，终于抵达她的心灵深处。斯蒂夫还答应珍妮，他会在他们未来的家里做好结婚的一切准备，他知道珍妮喜欢缀满小碎花的餐台布、满屋子的鲜花……

手术定于两周后进行，珍妮说，她要到纽约市的大医院做手术。由于斯蒂夫行动不便，他留在家中。临行前，珍妮对斯蒂夫说，她要在失声前说最后3个字："我愿意！"那将是举行婚礼时珍妮回答神父的3个字，可是因为手术后她不能发出声音了，她要提前把这3个字郑重地告诉自己的爱人。

手术很顺利，复活节的前一天，珍妮从纽约赶回了小镇。婚礼那天，人们都说珍妮是最美丽的新娘。她身着鱼尾裙式样的婚纱，仿若"人鱼公主"。当神父问出神圣的话语："珍妮，你是否愿意嫁给斯蒂夫为妻，无论顺境或逆境，富裕或贫穷，健康或疾病，快乐或忧愁，你都将毫无保留地爱他，对他忠诚直到永远？"

刹那间，人们屏息静气。珍妮努力张大了嘴巴。斯蒂夫和神父以及在场的所有人仿佛都听见了那3个字。是的，那是珍妮的"声音"，她一次次努力张着嘴巴，虽然没有声音，但大家都明白，她在说"我愿意"。

婚后，斯蒂夫和珍妮开了一家"童话蛋糕店"。珍妮做出美味的糕点，斯蒂夫负责出售。珍妮不能说话，但她制作的蛋糕分明让顾客品味到了她浓浓的爱意，谁都能看出她和斯蒂夫的幸福。每到傍晚，他们就会到美丽的海边散步。

5年过去了，二人争执过一次：珍妮想扩大小店规模，斯蒂夫坚持用积攒的钱为她买了一架钢琴。在星星闪烁的夜晚，夫妻俩长久地坐在钢琴前，他们的手指在黑白键上跳跃。一曲终了，他们沉默下来，目光交织，心灵在交谈。

20年过去了，每年斯蒂夫生日时，珍妮都会推着轮椅陪他去海滩；她生日的时候，斯蒂夫会为她朗诵《海的女儿》。

结婚30周年纪念日快要到了，斯蒂夫计划请一些朋友共同庆祝，他在家里翻找老朋友的地址，找了很久都没找到。就在他准备放弃时，看见箱底压着一张枯黄的纸片，是珍妮的诊断书，他在上面发现了一行字：医院误诊记录。

那天晚上，二人没有去海边散步。斯蒂夫将诊断书递到珍妮的面前，珍妮没有否认，她用手势"说"出了真相：当时，她接到了医院的诊断书，以为自己会失去声音。那天她遇到了斯蒂夫，还听到了他的求婚。那一刻，她那么开心，她甚至认为是上帝要让她用声音来交换一辈子的幸福。有了斯蒂夫，她觉得即使失声也不是一件多么可怕的事情了。可是当她去纽约做手术时，得知喉咙肿瘤是误诊。她犹豫了，害怕这个更正的结果会让爱情长了翅膀飞走，因为她太了解斯蒂夫了，他是不愿意让完美无缺的她守在自己身旁的。

珍妮确信，正因为她有了"缺陷"，才能让斯蒂夫克服残疾带来的自卑感，重新唤起他的自信。她毫不犹豫地决定像"海的女儿"一样向厄运巫婆祭献出声音！

她没有做手术，她的发音器官没有任何问题，但是这么多年，她始终不再开口说话，她已经习惯了，30年里她一直用沉默诉说着"我愿意"的爱情真谛。

当珍妮又一次对丈夫说出"我愿意"的时候，斯蒂夫早已泪流满面："爱，其实是一件很简单的事情，有时候就是3个字：我愿意！"

2008年初，被珍妮为爱而牺牲的精神打动，艾弗尼吉小镇居民自发凑了一笔钱，在临海公园造了一个雕像。石雕刻成了珍妮的模样，上面雕刻了一行字："她是一个平凡的女子，她做了一件不平凡的事情。"

小镇因此名扬北美，许多游客慕名来到临海公园看石雕，听导游讲述真实的童话故事，然后他们会问自己："你愿意承诺吗？无论顺境或逆境，富裕或贫穷，健康或疾病，快乐或忧愁，你都将毫无保留地爱他（她），对他（她）忠诚直到永远……

心灵感悟

爱，其实是一件很简单的事情，有时候就是3个字：我愿意！无论顺境或逆境，富裕或贫穷，健康或疾病，快乐或忧愁，你都将毫无保留地爱他（她），对他（她）忠诚直到永远。因为有爱，一切困难都将退却，因为，真爱可以战胜一切。

烛光中的爱情

在家里，每个周末的晚餐，我就要熄灭所有的灯，燃起一根烛。等圣洁的烛焰燃起来了，摇曳的烛光照亮了我和妻喜悦的脸庞。我举起酒杯妻也举起，在相互的祝福声中，我同妻开始品尝周末晚餐，暖和的烛光下，我同妻柔声细语聊些闲话，我感到，这是在品尝生活的芳馨呵。

由于工作的特点，我手头常常握着一张长途车票，在这个城市的黎明时分悄然出发。亲密的伴侣，如蝴蝶恋着花粉，每一次短短的小别，就是一次小小的死亡。在爱情旅途的聚散分离之中，最让我怀念的，依然是这个城市中那一窗温暖的灯火。

去年深秋下乡，晚上无眠，我出门于林间散步，满山的林海如涛声灌耳，我看见树林中一家民房还亮着灯，我走近，发现那并不是电灯，是烛光！瞬时，一种想家的凄迷让我伤感不已，我多么怀念属于自己的那一窗灯火呵。

我忍不住强烈的冲动跑到本地镇上邮电所急急挂了个长途电话回家。电话那边，妻也无眠，她以为我出了什么事，慌乱得连话也说不清。我说："也没别的，只想听听你的声音"。我吩咐妻，请把家里的灯都灭了，燃起一支烛吧。妻幽幽地说："好吧。"搁下电话，我在千里之外仿佛感到了那窗下的烛光正暖着我的心窝。

一到周末，我和妻便早早准备了丰盛的菜肴，备好烛，因为她知道，烛光晚餐，已成为我们最圣洁的仪式，一种心灵放松的寄托。夜幕降临，烛光温暖，我对妻说："现在，让我们闭上眼睛，许下一个心愿。"于是，面对这一片温暖和温馨，我和妻纯洁地闭上了眼睛。

烛光下，妻更加妩媚动人，她温柔的目光望着我："你知道我许下了一个什么愿吗？"妻走过来，依在我怀里耳语："我祝愿爱的烛光温暖我们一生！"我感动地望着烛光下温驯的妻，忍不住拥她入怀一阵热吻。望着烛光，我想，在漫漫人生的风雨跋涉中，如果心中还燃起一支不熄的长烛，该有多好！

每当在擦亮火柴点燃烛的那一瞬间，我发现自己的双手在烛光中晶莹得透明。桔黄的烛光，火光外是一团朦胧的光辉，忽闪的睫毛，亲切的面庞就在这一片神秘祥和的烛光中走来。

一个秋天的周末雨夜，我对妻说："看见这烛光，我就看见了烛光中的爱情。"我幸福地同妻一起回忆我们最纯洁的初恋。那是为她过26岁生日，我点燃了26支红蜡烛，烛光中，她闭上眼睛，一口气吹灭了蜡烛。在那短暂的黑暗里，窗外月华似水，我一下热烈地拥吻了她。花瓣一样纯洁的初吻，留在了那个夜晚闪闪烁烁的烛光里。那晚的烛光，也一直在我心中亮着。

是的，我得感谢这烛光。这烛光，是我和妻心中最悦耳美妙的音乐，是身心疲惫后周末的驿站。

每当同妻发生小小的摩擦，周末的烛光中，我便同妻进行心与心的沉默交流，转瞬间，融解了心中那层薄薄的冰雪。烛光让心境柔和，烛光里静静品位平凡人生里的诗意，烛光下，也让我珍惜同妻在滚滚红尘里结下的情缘。

温馨的烛光，长明于我们那爱的小小巢居。

心灵感悟

烛光，我们心中温暖的小亮光，荡漾着一种不舍、一种牵挂、一种思念、一种温情。有烛火的家是温馨的，让我们有心情去"静静品位平凡人生里的诗意"，也让我们更加"珍惜滚滚红尘里结下的情缘"。

清贫的爱经不起诱惑

十五岁那年，我第一次见到Y，那时我是插班生，女生心中的羞涩与恐慌被掩饰成冷漠,况且容貌与学习都算得上优秀,便轻易成了众人眼中的高傲形象。亦没有人愿意同我说话。性子渐渐变得孤僻起来。

　　一次体育课,忽然心脏病发作晕了过去,众人皆有些幸灾乐祸,在远处喊着看热闹。现在已不记得当初她们说了什么,只记得在我颤抖着腿站不起来,眼泪快要流出来的时候,Y过来驾着我的胳膊把我半抱到保健室。然后在男生们的口哨声中打着响指离开了。

　　我想我当时的脸一定是通红的。

　　从那以后,班里的同学总是时不时的开我们的玩笑,也是从那时起,我开始默默的不动声色地观察起了他。在班里他算是一个小痞子,总是吊儿郎当的,喜欢把头发留的很长(当时觉得很长,现在想想不过是超出了学校"不过一指宽"的要求而已),会趁班主任不在的时候脱掉校服,露出里面白底黑条纹的T恤,耍帅引女孩子的注意。

　　心里有点讨厌他的做作,却又不知怎么的慢慢喜欢上了他。又碍于女生的小小自尊心,一直没敢跟他说那声"谢谢"。

　　上了高中,他作为体育生跟我分到了同一个学校。一天晚上做值日,班里的同学都去参加重点班的特殊辅导,我因为有心脏病没有参加。一个人留在班里做值日。我看到他跟一群男生在操场上打篮球,就趴在窗户上看,看着看着他忽然转过了头,朝我这边看过来,吓了我一跳,赶紧慌忙的拿起抹布假装擦玻璃,当时的样子一定很傻。

　　我不敢再看了,觉得脸都快要烧起来了,躲在教室最里面扫地。笤帚扫着扫着就扫到了一个黑影,抬头一看,正是他。

　　我惊讶地张了张嘴问:"你来这儿干嘛?"

　　他冲着我笑笑,嘴角有点坏坏的,"做我女朋友好不好?"他说。

　　我惊讶的心都快要跳出来了,彻底傻了,都没有顾得上拒绝,脱口而出:"为什么?"

　　"就因为你都看了我半天了,总要负责吧!"他故作无辜。

　　说完,不理愣在那里的我,自己从我手中夺过笤帚扫完了全班的地。

　　就那样,我"糊里糊涂"的做了他的女朋友。

　　高中三年,每天早晨都有他从窗户递来的豆浆,每天放学都有他陪我挤人多的要死的公交。那是我在学生时代最美好的一段回忆。

　　高中毕业,我依父母的希望考上了北京的一所大学。他则落了榜,接到通知书的当天,他托朋友跟我说分手。我到他打工的网吧找他,听朋友说他在那里做网管。

我见到他的时候他正给帮老板端着杯可乐。我拉住他衣袖，他生气的一手甩开，可乐撒了我一身。我狠狠地捶在他身上，边哭边喊着："你是不是从来都没有喜欢过我，你一直都是在耍我是不是！"他紧紧地抱住我，然后吻上我的唇。我们哆哆嗦嗦的接吻，吻得小心翼翼，同时又心跳不停。那是我们彼此的初吻。

他说我们不会再见面的，我狠狠摇着头，说："我这辈子就爱你一个。"

我上了北京的大学，他在家人的安排下去南方当了兵。我们约定四年后我们一定要在一起。然后再也不分开了。

每周六下午是我们固定打电话的时间，每次都好像有说不完的话，总是一聊就能聊到晚上。部队不允许探亲，他又说我身体不好不准我去看他。每次总是一放下电话就已经满脸是泪，但我从来没有敢让他知道我哭过。

暑假的时候，我终于还是按捺不住偷偷去找他。在火车上我已经累的快要站不起来，下了火车还要坐汽车，晕车的我一直忍到下了车，才吐的昏天黑地。一见到他就倒在了他的怀里。我昏睡了一晚上，他就一晚上没睡陪在我床边。早晨起来看到他满眼通红。忍不住就抱着他哭了起来。

"怎么了，怎么了？"他赶紧问我。我听了他哑哑的声音，又不知怎么的就笑了起来。

大二快结束的时候，父亲跟人合伙做生意被骗。家里穷的一贫如洗，再也拿不出我读书的钱。我哭着给他打电话，说我不想念了，要辍学打工。他急得狠狠地骂我没出息，说不行，他说他会给我想办法弄钱，要供我把学上下去。当天就给我汇了三百。

后来，他每个月都给我汇钱，他说他要复员了，在那边的娱乐城找了份做管理的工作，足够供我把学读下去。

半年后，他来看过我一次，身上衣服是崭新的，可仔细看，标签都没有剪掉，被掖在裤子后面，样子也有些过时。

我快二十岁了，已经具备最基础的分辨能力了，我来到了他的城市，去他打工的娱乐城找到了他。看到他正给一个打扮的艳俗的小姐拉车门。他见了我不知所措起来，低着头，像一个做错事的孩子。

看他这样我心里莫名地疼了起来，嘴里还狠狠地骂他："Y，你怎么能这样，这么没出息，做这种低三下四的活。"他转过头，说："洁，对不起，都怪我没本事，在这里找工作都要学历，我只能做这个。"

我再没有说话。

晚上吃饭的时候，他的出租屋来了一个老乡，是摆地摊买衣服的。他说："晓洁啊，你别怨他，他本来是准备转士官的，为了给你攒钱教学费，他放弃了去打工，平常什么都不舍得买，不舍得吃，上次去看你的衣服还是从我这儿借的。"

听着听着，我的眼泪就流了下来。

我拉着他的胳膊说对不起，然后我们流着泪说一辈子都不要分开。

转眼间四年的约定到了，我毕了业，被分配到一家还算不错的公司上班。我给Y打电话，把他接了过来，我们住在了一起。他也又去找了一份保安的工作。

那段时间是我们最浪漫的日子。我们每天在一起缠绵，我说："我爱你，你爱我吗？"他说："爱。"我又问他："会爱我多久？"他说洁："我会爱你爱到死。"

我的心就会被幸福填满，别的什么都不想。

北京的物价很高，每天即使是省吃俭用，交了房租、水费、暖气费后，也总是一到月底就要吃泡面。他总是心疼地看着我尖瘦的脸，然后我摇摇他的手撒娇。

我们第一次吵架是在一次商场办促销活动时候，我看到了一条银质的十字项链，标价一千八，我想买，他嫌贵，说饭都吃不好，何苦花那冤枉钱。我被他的话噎住了。

那天之后我们就总是吵，没缘由就吵了起来，我觉得我的生活不该只是这样，光有爱情是不够的，开始觉得这样太不现实。

就在这个时候我遇到了K，高大英俊，是总公司派来的执行副总，他约了我，犹豫了一下午，我还是去了。

他开着车带我到二十六层的旋转餐厅，浪漫的法国红酒，摇曳的红烛，再加上他深情款款的表白。那晚给了我从未有过的感觉。晚上回到家，我更加讨厌那个又小又简陋的地下室。

我开始悄悄地跟K约会，出入各种高档的场所。不要怨我势利，任何人都不会愿意过那种没有未来的日子。

一天晚上出了酒吧，我看到了Y，他就等在酒吧门口，见我们出来，无比忧伤地看了我一眼，然后转过身离开了。

晚上Y喝了很多酒，醉醺醺的满脸通红，喃喃地叫着我的名字。我哭着对他说我不想在这么活下去了，我不想再过这种吃了上顿没下顿，每天拼命挤公交，买套化妆品还要紧缩半个月的生活费的日子！我收拾好我的东西，第二天上午，头也不回的把它们搬上了K的车。住进了K的别墅。

K给我买很高级的化妆品、名牌的衣服、闪闪发光的手饰。K大大的满足了我的虚荣心，我以为接下来我的称呼就是K的夫人。

七月的阳光照的大大的，K优雅的耸耸肩说："亲爱的，我要回总公司了，这段时间玩得很愉快，房租我交到月底了，要想住下去，别忘了续约哦。"我看着跑车背着我扬长而去，连哭都来不及。

我只能哭着给Y打电话，那是我最后的办法。

Y有些激动的抱着哭个不停的我，从兜里拿出了一条项链，正是我那天在商场看到的银链。

后来我们搬进了好一点的房子，他说他跟朋友合伙做生意，可以多挣些钱，以后不会再让我受苦了。他承诺要给我一生的幸福。我们和好如初。

我们的日子渐渐变得好了起来，他开始给我买一些高档的化妆品，一些衣服首饰。还说要在北京买房。我的心也平静了下来，我想我们应该会结婚，然后生个小孩，一辈子这么平平淡淡地过下去。

那些天，他晚上总是会很晚才回来，甚至几天不回来。但是即使再晚都会给我打电话，要我注意身体，注意安全。我一直没有在意，知道那是男人的生活，他在外面闯荡，他在为了这个家而努力。

直到一天晚上，我所有的梦都被击碎了。

那天很晚，他慌慌张张地回到家，交给我一个黑色的塑胶袋子，里面满满的装的都是钱，他要我妥善保管，然后又急急忙忙地离开了家。

后来警察找到了我协助调查，我才知道原来他一直在参与盗窃。

他在审讯的时候一言不发，拒不交代赃款藏到了哪里，我觉得无比羞愧，马上把钱交到了公安局。恍恍惚惚地回到家。

他本来是要被判无期，后来因为交出了大半赃款，改判成二十年。我想等他，可是二十年太久，我知道我等不了那么长时间。

心灰意冷之下，我收拾行李来到了上海，开始了新的生活。

几年之后，我也像其他人一样结婚生子。生活很平淡，自己也再也没有了当初的激情。

一个人的时候总是会想起Y，心里不知道是愧疚、思念，还是别的什么感情,心里有些莫名的忧伤。

他依然是我这辈子最爱的人,我知道这辈子不会有人再让我如此动心。

心灵感悟

爱你,所以,想给你你想要的生活,可是,梦想总是很丰满,现实却无比骨感。爱情,是否能经得住清贫的考验?还记得曾经"我们要永远在一起"的誓言吗?

从未开封的情书

一个美好的梦支撑起了她的一生,当梦初醒时,只留下刻骨铭心的……

自从我懂事起,姑妈就离开了我们,独自栖居在一间小屋。

姑妈的态度并不和善,但她从没有斥骂过我们。我们怕她,也不太理解她。

我常常从我们住的屋子里,拿着母亲为她准备的可口而数量不多的点心,到她的小屋去。她会客室的百叶窗常年关闭着,很幽暗。我老是在那儿等着姑妈出来。

她总是穿着黑色的衣服,在阴暗的会客室里显得更加娇小,瘦弱。

可是当她向我走来时,总感觉到她那充满活力、刚强不屈的威严,她的步子很慢,声音柔和甜蜜。每次,当我握住她的白白小手时,我总看见她那褐色的双眼流露出柔和的眼光来。哎,姑妈年轻时一定是个美人儿。

我不相信,在她年轻时候,没有男子向她求过婚。每当我走出姑妈的小屋,在她关上门的当儿,我觉得那儿有一个神秘的世界。

我长大了,姑妈还孤零零地守在那间小屋。

一天,我带着未婚夫乔治去看望姑妈,告诉她我订婚的消息。显然,她十分高兴,乐呵呵地问:"他是英国人吗?"

我点点头。她转过身去对着乔治:"你要在南非安家吗?你不打算回英国去吗?"

当我提到乔治准备在婚前回英国一趟时,她那纤弱的身子颤抖着,大声嚷道:"他不能回去!伊兰,你不能放他回去!你得答应我不放他走!"

这时，我不知所措，我心中忽然涌现出一种感觉，姑妈已经衰老了。

第二天，我再去看望她。她正坐在屋前的平台上，直呆呆望着前方干枯的草原。她显示出一种孤独无依而黯然神伤的表情。我突然纳闷儿起来：为什么从前没有人把她娶去，照料和爱抚她呢？记得母亲说过，她以前是一个美丽的小姑娘，招人喜爱。可如今她的容貌已随岁月逝去了。

我走到她跟前。"坐下吧，亲爱的，"她说，"多想把自己的爱情故事说给你听听，这样你就能明白在你俩结婚以前，为什么你最好不要让你的未婚夫离开你回英国去了。"

"我初次遇见理查·韦斯顿时，还很年轻。他是一个英国人，寄居在离我们家四五里外的小农场主温·伦斯布家里。"

"我们一见钟情，虽然直到我十八岁生日，理查才向我道出爱慕之情。那是我一生中最快乐的生日。那天舞会上，我与理查翩翩起舞。在休息的当儿，理查把我领到屋外，在皎洁的月光下，向我求婚。没说的，我答应了。因为在如痴如醉的欢乐中，我毫不考虑父母亲会有什么意见了。"

"父亲一直是个心肠硬、很固执的人。他憎恨所有的外国人。可是我一直瞒着他，整日与理查幽会。当时，我的心中只有理查，别的什么也顾不了。"

"我们就这样度过了将近一年。有一天，理查失约了。他父亲死了，他回英国去料理遗产。我不知自己是如何度过那一天的，日月无光，田野也失去了往日美丽的风采。

"那天傍晚，我走到树林里去探看温·伦斯布喂养的几头牛犊。他曾答应过我，只要我愿意饲养，就把它们给我。就在我呆呆沉思默想时，小牧童詹提耶递交给我一封信。他说是那位英国老爷给我的。那可是我一生收到的唯一的一封情书呀！它把我的忧伤一扫而光。我的心中充满了甜蜜。理查仍爱着我，有了这封信，我觉得我们并未分离……"

"那封信一定美妙极了吧。"我说。

老太太从她往日的旧梦中醒了过来，用她那双已经黯淡但仍温柔的眼光望着我。

突然，她起身飞快地跑进屋里。出来后把信放在我手上。由于年深日久，信已褪色发黄了，信封边沿已经磨损了，好像曾被摩挲过千百次。使我大吃一惊的是，信未被拆开过。

"拆开，拆开吧！"姑妈颤抖着说。

我撕开信，读起来。

严格地说，它算不上一封情书。理查在信中告诉他那位最亲爱的"菲娜"该怎样摆脱她父亲的监视，连夜逃出家门，在一个浅滩上詹提耶会牵着一匹马在那儿等着她，把她送到史密斯多普，然后在那儿找他的一个知心朋友亨利·威迩逊。他会给她钱，安排她去开普敦，再从那儿前往英国。"亲爱的，这样我们可以在英国结婚了。如果你不能保证你能在一个陌生的地方和我一道过日子，你就不必要采取这个重大行动。因为我太爱你了，不能让你感觉丝毫的不快。要是你没来，我也得不到你的信，我就会知道：你不愿远离了你挚爱的亲人与故土。如果你仍爱着我，由于你的胆怯，不能单身来英国的话，我就会回南非来迎接你——我的新娘。"

我没再念下去。

"可是菲娜姑妈，"我气喘咻咻地说，"为什么你……为什么你……"

老太太的身子由于渴望知道信的内容而颤抖着，她的脸庞由于热切的期待而泛出红晕，眼里也放射出晶莹的光芒。"亲爱的，大声念下去吧！"她说，"信里的一字一句，我都要听啊！当时我找不着可靠的人给我念……我年轻时，外国人是被深恶痛绝的……我找不到人给我念啊！"

"可是姑妈，难道你一直不知信里说的事？"

老太太低着头，两眼俯视着，像一个做错事的孩子，怯生生地不知所措。

"不知道，亲爱的，"她用低沉的声调说道，"你要知道，我没念过书，我是一字不识的啊！"

心灵感悟

初恋的记忆在我们的心里永远有着梦幻般的美好，正是一个美好的梦支撑了她的一生，当梦初醒时，也许留下的只有深深的遗憾。

第四篇

在爱里慢慢成长

　　师生情是一个永恒的话题。或许,你对老师的记忆已经久远,但当你想起曾经影响你一辈子的老师时,依然激情难耐;或许,你每天就面对着太熟悉的老师,可是,那一瞬间、那一件事,还是激起了你对老师久蓄于心的感激。或许对老师的情谊并不仅仅是感激,并不仅仅是记忆,但是留在心底时刻惦念和触动的则是深深的影响,对人生、对未来。

良师

上小学时，我一直是个自卑的人。因为笨，因为脾气倔强，性格孤僻，没人愿意做我的朋友。每次排座位，老师总让我坐在最后一排。

坐在最后一排的大都是差生，我跟他们无话可说。想看看黑板，抄抄笔记，又无能为力。

谁叫我从小喜欢课外读物，又不注意看书姿势，成了近视眼呢？所以每节课只能呆呆地看着黑板，愣愣地看着书，或搞小动作。

临毕业的那个学期，原来的班主任"跳槽"了，来了一位新班主任。她年纪轻轻，穿着一身洁白的衣服，齐耳短发。一笑，两个酒窝就露出来了，模样甜甜的。

"我叫××，我对每个学生的情况，都会了解得清清楚楚的。"她微笑着自我介绍。

我不屑地看了她一眼：她真有那么大神通？她会知道我是近视眼吗？她会知道我不想坐最后一排，却又倔着性子坐在最后一排吗？她会知道……

没想到过了几天，她真的注意到了我。那是一次语文自习课，大家都做着作业，我也摊开作业本，假装做起来。其实，除了造句——可以让我自由发挥的题目外，其他的我根本不做。突然，她走到我身边问："你在做什么？"说着拿起了我的作业本。从未受过如此"礼遇"的我，心头不禁一暖，但仍趴在桌上，等待着早已习惯的雷霆暴怒。不料她却笑着问："这些都是你做的吗？"

"嗯。"

"真不错，'花骨朵们在树枝上倾听着春天'，多有灵气啊！可你为什么不说'倾听春天的脚步'呢？"

"有时候春天是没有脚步的，是披着绿纱乘着轻风来的。"第一次受到如此嘉奖，我的胆子顿时大了起来。

老师拿着我的作业本走到讲台前，讲起了造句——以我的作业为范本。我只记得，那半小时是我最难忘的。

后来，我在一次语文测验中得了第一。她把第一排的三个同学叫起来，指着中间一个座位对我说："以后你就坐在这里。"

我懵懵懂懂地走了过去。她又说:"希望大家都向×××同学学习。要知道,这世界上有最后一排的座位,但没有一直坐在最后一排的人。"

我的热泪顿时夺眶而出。

一晃三年过去了,我即将初中毕业,其间许多人和事,我已忘却了,但对这位老师的印象却刻骨铭心。我知道,我永远忘不了她——一个改变了我人生的良师。

心灵感悟

古往今来,为了歌颂教师工作的光荣,人们对教师工作赋予了许多美好的赞喻。有人把教师比作春蚕,有人把教师比作红烛,有人把教师比作园丁……这一切都说明教师这个职业是崇高而伟大的。

老师是春天的甘露,滋润干涸的心灵;老师是夏天的树阴,遮挡火爆的情绪;老师是秋天的果实,满足内心的空虚;老师是冬天的火苗,驱散身上的严寒。成功教育孩子的秘方,就是爱和信任。爱和信任是师生情感沟通的桥梁,它能抚平心灵的创伤,它能扑灭愤怒的火焰,它是最好的润滑剂。我们身边的那位老师不就是"润物细无声"的春雨吗?

老师窗内的灯光

我曾在深山间和陋巷里夜行。夜色中,有时候连星光也不见。无论是山林深处,还是小巷子的尽头,只要能瞥见一豆灯光,哪怕它是昏黄的、微弱的,也都会立时给我以光明、温暖、振奋。

如果说,人生也如远行,那么,在我蒙昧和困惑的时日里,让我最难忘的就是我的一位师长的窗内的灯光。记得那是抗战胜利、美国"救济物资"满天飞的时候,有人得了件美制花衬衫,就套在身上,招摇过市。这种物资一度被弄到了我当时就读的北京市虎坊桥小学里来,我就曾在我的国语老师崔书府先生宿舍里,看见旧茶几底板上,放着一听加利福尼亚产的牛奶粉。当时我望望形貌削瘦的崔老师,不觉也想到他还真的需要一点滋补呢……

有一次,我写了一篇作文,里面抄袭了冰心先生《寄小读者》里面的几个句子。作文本发下来，得了个漂亮的好成绩。我虽很得意，却又有点儿不安。偷眼看看那几处抄袭的地方，竟无一处不加了一串串长长的红圈！得意从我心里跑光了，剩下的只有不安。直到回家吃罢晚饭，一直觉得坐卧难稳。我穿过后园，从角门溜到街上，衣袋里自然揣着那有点像赃物的作文簿。

一路小跑，来到校门前一推，"咿呀"了一声，好，门没有上闩。我侧身进了校门，悄悄踏过满院由古槐树冠上洒落的浓重的阴影，曲曲折折地终于来到了一座小小的院落里。那就是住校老师们的宿舍了。

透过浓黑的树影，我看到了那样一点亮光——昏黄、微弱，从一扇小小的窗棂内浸了出来。我知道，崔老师就在那窗内的一盏油灯前做他的事情——当时，停电是常事，油灯自然不能少。我迎着那点灯光，半自疑半自勉地登上那门前的青石台阶，终于举起手敲了敲那扇日晒雨淋以至裂了缝的房门——

笃、笃、笃……

"进来。"老师的声音低而弱。

等我肃立在老师那张旧三屉桌旁，又忙不迭深深鞠了一躬之后，我觉得出老师是在边打量我，边放下手里的笔，随之缓缓地问道：

"这么晚了，不在家里复习功课，跑到学校里做什么来了？"

我低着头没敢吭声，只从衣袋里掏出那本作文簿，双手送到了老师的案头。

两束温和而又严肃的目光落到了我的脸上。我的头低得更深了，只好嗫嚅嚅嚅地说："这篇作文，里头有我抄袭人家的话，您还给画了红圈儿，我骗、骗……"

老师没等我说完，一笑，轻轻撑着木椅的扶手，慢慢起身到靠后墙那架线装的铅印的书丛中，随手一抽，取出一本封面微微泛黄的小书。等老师把书拿到灯下，我不禁侧目看了一眼，那竟是一本冰心的《寄小读者》！

还能说什么呢，老师都知道了，可为什么……

"怎么，你是不是想：抄名家的句子，是谓之'剽窃'，为什么还给打红圈？"

我仿佛觉出老师憔悴的面容上流露出几分微妙的笑意，心里略微松快了些，只得点了点头。

老师真的轻轻笑出了声，好像并不急于了却那桩作文簿上的公案，却

132

抽出一支"哈德门"牌香烟，默默地点燃了，吸着，直到第一口淡淡的烟消融在淡淡的灯影里的时候，他才忽而意识到了什么，看看我，又看看他那铺垫单薄的独卧板铺，粲然一笑，训教里不无怜爱地说：

"总站着干什么？那边坐！"

我只得从命。两眼却不敢望到脚下那块方砖之外的地方去。

又一缕烟痕，大约已在灯影里消散了，老师才用他那低而弱的语声说："我问你，你自幼开口学话是跟谁学的？"

"跟……跟我的奶妈妈。"我怯生生地答道。"奶妈妈？哦，奶母也是母亲。"

老师手中的香烟只举着，烟袅袅上升，"孩子从母亲那里学说话，能算剽窃吗？"

"可、可我这是写作文呀！"

"可你也是孩子呀！"老师望着我，缓缓归了座，见我已略抬起头，就眯细了一双不免含着倦意的眼睛，看着我，又看看案头那本作文簿，接着说，"口头上学说话，要模仿；笔头上学作文，就不要模仿了么？一边吃奶，一边学话，只要你日后不忘记母亲的恩情也就算是个好孩子了……"

这时候，不知我从哪里来了一股子勇气，竟抬眼直望着自己的老师，更斗胆抢过话头，问道：

"那、那作文呢？"

"学童习文，得人一字之教，必当终身奉为'一字之师'。你仿了谁的文章，自己心里老老实实地认人家做老师，不就很好了么？模仿无罪。学生效仿老师，谈何'剽窃'？"

我的心，着着实实地定了下来，却又着着实实地激动起来。也许是一股孩子气的执拗吧，我竟反诘起自己的老师：

"那您也别给我打红圈呀！"

老师却默然微笑，掐灭手中的香烟，向椅背微靠了靠，眼光由严肃转为温和，只望着那本作文簿，缓声轻语着：

"从你这通篇文章看，你那几处抄引，也还上下可以贯串下来，不生硬，就足见你并不是图省力硬搬的了。要知道，模仿既然无过错可言，那么聪明些的模仿，难道不该略加奖励么——我给你加的也只不过是单圈罢了，你看这里！"

老师说着，顺手翻开我的作文簿，指着结尾一段。那确实是我绞尽脑汁之后才落笔的，果然得到了老师给重重加上的双圈——当时，老师也有些激动了，苍白的脸颊，微漾起红晕，竟然轻声朗读起我那几行稚拙的文章来……读罢，老师微侧过脸来，嘴角含着一丝狡黠的笑意说：

"这几句嘛，我看，就是你从自己心里掏出来的了。这样的文章，哪怕它还嫩气得很，也值得给它加上双圈！"

我双手接过作文簿，正要告辞，忽见一个人，不打招呼，推门而入。他好像是那位新调来的"训育员"：平时总是近似眼镜，毛哔叽中山服，面色更是红润光鲜。现在，他披着件外衣，拖着双旧鞋，手里拿个搪瓷盖杯，对崔老师笑笑说："开水，你这里……"

"有。"崔老师起身，从茶几上拿起暖水瓶给他斟了大半杯，又指了指茶几底板上的"加利福尼亚"，笑眯眯地看了来人一眼，"这个，还要么？"

"呃……那就麻烦你了。"

等老师把那位不速之客打发得含笑而去后，我望着老师憔悴的面容，禁不住脱口问道：

"您为什么不留着自己喝？您看您……"

老师默默地，没有就座，高高的身影印在身后那灰白的墙壁上，轮廓分明，凝然不动。只听他用低而弱的语声，缓缓地说道："还是母亲的奶最养人……"

我好像没有听懂，又好像不是完全不懂。仰望着灯影里的老师，仰望着他那苍白的脸色，憔悴的面容，又瞥了瞥那听被弃置在底板上的奶粉盒，我好像懂了许多，又好像还有许多、许多没有懂……

半年以后，我告别了母校，升入了当时的北平二中。当我拿着入中学第一本作文簿，匆匆跑回母校的时候，我心中是揣着几分沾沾自喜的得意劲儿的，因为，那簿子里画着许多单的乃至双的红圈。可我刚登上那小屋前的青石台阶的时候，门上一把微锈的铁锁，让我一下子愣在了那小小的窗前……听一位住校老师说，崔老师因患肺结核，住进了红十字会办的一所慈善医院。

临离去之前，我从残破的窗纸漏孔中向老师的小屋里望了望——迎着我的视线，昂然站在案头的，是那盏油灯：灯罩上蒙着灰尘，灯盏里的油，已几乎熬干了……

时光过去了近四十年。

在这人生的长途中，我确曾经历过荒山的凶险和陋巷的幽曲，而无论

是黄昏，还是深夜，只要我发现了远处的一豆灯光，就会猛地想起我的老师窗内的那盏灯，那熬干自己的生命，也更给人以启迪，给人以振奋，给人以光明和希望的，永不会在我心头熄灭的灯！

心灵感悟

从人生第一次坠地的呱呱而泣起，从小学到初中的稚嫩阶段，从初中到高中的黄金时段，从高中到大学的成人之路……似乎都离不开"老师"这一质朴的词语。

离开父母的怀抱，离开熟悉的家，我们进入陌生的校园。与老师朝夕相伴，一晃多少年了。老师固守的那方三尺讲台、一面黑板，是太阳底下最神圣的所在。纷纷的粉笔灰染白了老师的双鬓，朝朝暮暮响彻的铃声送走了老师宝贵的青春年华。一天天、一年年我们在校园里茁壮成长，从懵懂孩童到青春飞扬，然后进入社会大舞台搏击人生。老师谆谆教诲的深情是我们前行的灯火，给我们温暖、力量和信念……

盲点

初三时，生物老师讲，盲点是视神经穿出视网膜的地方，在这里没有感光细胞，大脑皮层也不产生视觉。当时，只为它勾起我一段往事，使我魂魄若失。以后，再见到或再听到那句时，总禁不住潸然泪下。那个悲切凄苦的冬季，那朵我人生路口岔生的小白花，总在我跟前摇曳……

小学，我是在一个小山村上的，学校只有一间破烂不堪的教室，瓦楞上横七竖八长满了蒿草，一到雨天就漏水。所用课桌凳更是无法想象：桌面沟壑纷陈，一摇就散架；凳子腿高低参差，把它们埋进地下，才得到苟且的平稳。我们四个年级的学生同在这一间教室里上课。

我们只有一位老师，听说是从北京下乡来的，只知他姓刘。他的额头特别突出，脸黑黑的，一双眼睛就像嵌上去一样，老是闪着一种让人捉摸不定的光。有时，这双眼睛会瞪着你，似乎就要大发雷霆；有时，又会抚慰你那心灵的伤痛；有时，它只会对着天长久地发呆。学生们都怕他，我也不例外，甚至有点恨他。

温暖——让心灵去旅行

每天,除了上课,我们没有任何课外活动。老师仅有的两本小人书,早被传看得糟成一团。为了摆脱那种枯燥、乏味的生活,我就出些瞎点子,往往又很"出格",受教师的训斥,也就比别的同学多些。

记得我曾做过一个新玩意儿——"飞箭"。其实,只不过是筷子前插了一根针,后端又夹了一个纸尾巴。飞箭刚问世备受欢迎,我也成了同学们的小顾问,每日得意扬扬,拿着它投来投去做示范。终于有一次,鬼使神差般地扎到刚换的教室门上。同学们跟着一哄而上,一会儿工夫,平平整整的教室门就被扎得千疮百孔,成了一块悲哀的麻袋布。

正在这时,老师来了,我们谁也没注意到。他一把夺过飞箭,远远地抛了出去,瞪着我愤怒地喊着:"混蛋!你知道吗?这是村里用几百斤粮食换的!"随后灼人的目光就落到我的头上。

当时我被蜂蜇了一般,耷拉着脑袋站了出来,尚未明白过来就被一巴掌打倒在地上。我趴在地上哭了,他却没有理会,勒令12个人每人罚款一元才罢休。

后来,听说他竟用罚款到镇上喝了羊汤,我对他耿耿于怀,借机报复。

那天下午,天空飘起了雪花,起初下得很静。我那颗不安分的心又热了起来,满世界奔跑着,用手掌把团团落雪拍击得支离破碎,乌七八糟撒满地。玩累的我坐在雪地上,见老师挎着黄书包摇晃着走出屋门。我一下子又想起那可气的一幕。等他走远就溜进小屋,拿了他一摞书狠狠抛进厕所,随手还扯了两页。看到那上面的画很奇特,只有一个十字架和一个太阳,还写着"视网膜"、"视神经"、"盲点"之类的词。

我颇为得意,浑身充斥着一种酣畅感、骄傲感,于是心也平了,气也顺了。

然而,第二天上午,村里传来噩耗,说他被车撞下沟里,摔死了。我一下子惊呆了,脑子里一片空白,机械地随着一大群人赶到现场。只见沟畔的矮树上挂着散开的书和一个书包。浸着血的书压得树干与另一棵树交叉成一副倾斜的十字架。司机说,他本可以跑开,可他偏要把掉在地上的书捡起,却滑倒了。清理遗物时,从他的书包里掏出一页纸,纸上记着扎门的12个人名和给他们买的书,而书费竟达27元之多。

望着这一切,我终于明白了他的良苦用心。我欲哭无泪,欲诉无语,呆呆地伫立在雪地上,望着那扭曲的山沟,望着那灰蒙蒙的远天。人群散了好久,我才疯一般地跑回家,一头栽在床上,我再也无法控制自己,扯着头发，摇着脑袋，在床上翻着、滚着，撞着墙，砸着床板，号啕大哭，发泄那灵魂深处郁结的伤痛。

刘老师走了，或许他还可以为他的学生做些什么，或许他还根本不知道自己的书已被抛进了厕所。雪花为之垂首，狂飙为之哀悼，默念他那在天的灵魂安息……

八年了，我的灵魂一刻也未安然。我真正理解了那"盲点"的内涵。这份遗憾，这份愧疚，常常使我夜不成寐。它告诉我做人的道理，提醒我该如何去看人、看世界。

何时，秋已悄然而至？

何时，秋已悄然而去？

我举目四顾，想看看今天寒梅花事如何，那簇簇白梅已拥着皑皑雪花傲立枝头，尽管轻柔，却那般洁白、那般耀眼……

心灵感悟

误解，就是对事物本来面貌和人的思想行为的不正确理解，多是指将真善美误认为假恶丑的某种偏见。除了个别人由于心术不正而有意中伤诋毁外，误解大多是认识不全面引起的。这是因为，世界是极其复杂的，对一个人、一件事要达到全面正确的理解，需要有个由浅入深由表及里的过程，正如人们常说的那样，"路遥知马力，日久见人心"。

让我们再看你一眼

上课的铃声响了，又悠长又深沉。文叶老师的脚步滞缓而沉重，双腿仿佛绑上了大沙袋。孩子们就要离开学校了，这是他们在小学的最后的一课，过了暑假，他们就是中学生了，生活这本大书，又将翻开一页。她不愿意上这最后的一课，但她又必须上好这最后的一课。往事历历，别情依依。到底说些什么呢？还重复讲了多少次的叮嘱吗？

夏日的蓝天，万里无云，蓝得令人心醉。

文叶老师突然猛地转身，回到教员室，提了一个塑料兜又走回来。奇怪的是，她的脚步突然变得急促、有力而富有弹性了。

她静静地站在讲台上,脸上挂着孩子们熟悉的、慈祥的微笑。

孩子们静静地坐在座位上,眼睛里蕴藏着无限的深情,就连平时铃一响就要打瞌睡的"老猫",也抬起头来,显得格外精神。

文叶老师一个字也没讲。她慢慢地把提兜放在讲台上,然后一件一件地从里面往外掏东西。

是些什么东西呀?

一个塑料小发卡、一把小刀、两块已变得石头似的巧克力糖、几张花花绿绿的香烟纸、一把电子小手枪……

看着这些东西,孩子们大气不敢出,手心儿出汗了,心儿抽紧了,脸儿飞上了红晕。有人因害臊而羞愧地低下了头。文叶老师却微笑着默默地把这些小玩艺儿一个一个地归还"原主"。这些小玩艺儿都是她从孩子们的手里没收来的呀。当时,有的孩子不服气,顶撞她,有的往回要、往回抢,甚至往回"偷"。今天老师主动地还给他们时,他们怎么连瞅都不敢瞅了呢?

吴肖肖,这是你的发卡。那次上算术课,你一直摆弄它,结果一道简单的四则运算你都做错了。你知道吗?谁要是"游戏"知识,知识也将"游戏"他。到了中学,你可要注意啊!文叶老师的眼睛是这样告诉发卡的"主人"的。

赵小刚,这是你的小刀吧?你在课桌上刻你的姓名。你知道一张课桌凝集了多少工人叔叔的汗水吗?再说,一个人的名字并不是刻在木板上就可以不朽,就是刻在石头上也不能万世流芳啊。真正不朽的名字是刻在人们心灵上的。这一点,现在你可能不懂,将来你就明白了。文叶老师清澈如水的眼睛这样娓娓动听地说着……

沈飞飞,这两块巧克力不能吃了,留着作个纪念吧,老师真对不起你。你这个小馋猫,怎么上课时还吃糖呀!你爷爷、奶奶包括爸爸、妈妈都太宠你了,你生活在蜜罐里。还记得老师给你讲的故事吗?世界球王贝利生了一个儿子,朋友们纷纷前来祝贺,并预言小家伙将来准是个体坛明星,可是贝利却说:"绝不可能,因为明星球员常常来自穷人之家。"是的,生活不都是甜的,你越长大会越感到,生活里更多的是苦、辣、酸、涩……文叶老师的眼睛眨了眨,一抹温暖的阳光在跳动,仿佛在问沈飞飞:孩子,你听懂了吗?

还有这把小手枪。乌黑的枪口，简直和真的一样。许大力，你爸爸是公安局长，你说你长大了要当"警察局长"。课间游戏时，你用难听的字眼咒骂"不服"你的小朋友，还用这把小手枪打他们，老师没收时，你的眼光是多么蛮横呀。孩子，不讲理的咒骂只能说明自己的软弱。强者之所以为强者，是因为他有真理、有知识。权威的取得往往不靠权力。文叶老师的眼光变得沉重而忧郁，似乎有着太多太多的内容，更多的则是期待和希望。

文叶老师一件又一件地把这些没收来的东西还给孩子们。她一个字也没讲，也无须讲什么。然而，当她拿着12张邮票走到一个虎头虎脑的小家伙面前时却突然说话了——

"尤伟同学，这是你的邮票。'金陵十二钗'真漂亮！……老师对不起你。道歉的话不能带到中学去。请你原谅我。"

孩子们的目光一齐转过来，感情潮水载着一只只思绪的小船漂回了一年前……

那是一次庄严的中队会。

文叶老师正在讲台上向新入队的少先队员致贺词，忽然听到从后排座位上传来的争吵声。她走过去，发现尤伟手里拿着"金陵十二钗"的邮票，当即把这位小集邮爱好者的心肝宝贝抢了过来，还打电话通知了尤伟的家长，结果尤伟三天未能来上学。事后，文叶老师隐隐地有些后悔。但是，她没有勇气向孩子承认自己的莽撞和粗鲁……

尤伟站了起来，眼睛红红的。

文叶老师的嘴唇哆嗦了一下，似乎想要说话，却终于没有说出来。她用手拢了拢花白的短发。这时，尤伟的同桌突然站了起来。他的脸涨得通红，也许是过于激动，他的话说得不连贯，也不完整，但孩子们还是听懂了。原来那次开中队会，是他把尤伟的"金陵十二钗"邮票从书包里翻出来，他喜欢得不行，就问尤伟在哪儿买的，尤伟一边悄声劝告他注意听老师讲话，一边机敏地从他手中夺回了邮票。谁料他又拿出"铁哥们儿"的脾气说："别装蒜。你不告诉我，我可要抢了！"于是，两个人的争吵声被文叶老师听见了。后来，尤伟代他受过，他虽难受，可毕竟没有勇气站出来。"那都是我的错。老师，我……对不起尤伟……更对不起你……使你上火……"此刻，他已泣不成声了。

教室里出现了唏嘘声和抽噎声。孩子们的心纯洁无瑕、真诚透明如同晨露。这样的心容易激动。文叶老师的双眼迷迷蒙蒙。啊，真诚，只有真诚才能换来真诚，只有真诚才能净化灵魂……

下课铃响了，孩子们呼啦一下围了上来。他们扯着老师的衣服，牵着老师的手，把早就准备好的礼物——一张照片、一支奖品铅笔、一张珍藏的明信片、一件件亲手做的小手工艺品……争着抢着装进了老师的兜子里。许大力把那把乌黑的小手枪也送给了老师，他突然觉得它不那么重要了。女孩子们感情脆弱而细腻，有的轻轻地掸着老师衣襟上的粉笔灰，有的伏在老师的身上哭起来。尤伟的同桌拽着老师的手，大滴大滴的泪水打湿了文叶老师藏蓝色的衣袖……

老师，我们舍不得离开您。

老师，让我们再看你一眼，再看你一眼吧！

夕阳的余晖把西天染成了一片灿烂的红色。高大的白杨树直插云天，摇碎了即将覆盖大地的黄昏。一群带着哨音的鸽子翱翔在天空，仿佛美妙的音乐响彻宇宙。

孩子们还是走了。小树要成材……

文叶老师生平第一次接受了孩子们的礼物。

她觉得兜子是那么沉。

哦，那沉甸甸的是孩子们的心啊！温暖的晚风悠悠地飘着。她竟有些不安起来。

心灵感悟

教育中的爱是什么？那是一种依恋的心情，是一种奉献精神，是一种极端负责的态度，也是一种巨大的力量。爱心能春风化雨，浇灌每个莘莘学子；爱心能熏陶、震撼学生的心灵，激发他们的自信心和求知欲，养成其良好的情感品质，使之全身心投入到学习中去。是的，亲密融洽的师生关系，敬爱的老师对学生的影响，常常会令其终身难忘。

"老师，让我们再看你一眼，再看你一眼吧！"发自孩子们心底的呼唤，道出一片浓浓的师生离别之情。用不着长亭送别，也用不着折柳相赠，单单这个"教室里出现了唏嘘声抽噎声"和泣不成声的感人场面，便造就一道依依惜别的动人风景。

一颗奶油太妃糖

下岗后，生活无着，我开了一家糖果店，生意不好，只觉前途一片灰暗。

一天，一个花白头发的老人来到我的店门前。我一眼认出，她就是我上小学时的班主任刘老师，于是赶紧低下头去，不想让她发现。甚至我还暗暗祈祷，她千万不是到我店里来买糖……

那是30年前的事儿了。那时"文革"已接近尾声。一天早上，我很早就来到学校，因为一支钢笔忘在课桌里了。正走在教室外面的拐角处，我就看到了刘老师，她正蹲在地上，用手把窗下被一帮毛孩子们砸碎的玻璃片一块一块地往畚箕里捡。

那时，她被划为了"黑五类"，由于乡下喝过墨水的人不多，她不但一边接受群众的"改造"，还得一边继续教书。

看到这个我曾从她身上得到过母亲般温暖和爱护的老师，看到她被凛冽的寒风冻得通红的双手，我不由一阵辛酸：要是能有一副手套送给她该多好啊！突然间，我想到了一颗糖。那是昨天下午，小伙伴"小疙瘩"送我的一颗糖，包装纸上印着五颜六色的图案，名字还是烫金的"奶油太妃"。晚上睡觉时，我曾几次想要剥开来吃掉，却一直没舍得。那年月，哪怕是嗅一嗅那"奶油太妃"的香味，也是一种奢侈的享受！刘老师每天天不亮就来学校扫地，这会儿一定又冷又饿，把这颗糖送给她，不是就给她增加了一份热量吗？

我掏出"奶油太妃"，走到刘老师身后，说："刘老师，您吃糖。"刘老师缓缓地转过身子，我发现，她呆滞、冷漠的双眸顿时生出光来。她的嘴唇哆嗦着，想说什么，却什么也没有说出来。只等我转身离去，才听到她的哽咽声："谢谢你，孩子。"

整整一天，我发现，刘老师总有意无意向我投向凝思的目光，整整一天，我的心也感到了无比的快乐。

只是等到了晚上，晴天霹雳才从天而降。"小疙瘩"问我："小凤子，我那块包在'奶油太妃'里的肥皂泥你是吃了还是扔了？"天哪，闹了半天，原来那不过是一块包在淡淡奶油糖香的糖纸里的假糖？是我跟刘老师闹了一个恶作剧？是我在她本就受伤的心里，又插上了一刀？

第四篇 ◆ 在爱里慢慢成长

从那以后，我开始害怕刘老师投向我的凝视的目光了。几十年过去了，我再没颜面见刘老师，只是那颗假糖，却成了我心里一个永远的痛。

"我买一斤'花生牛轧'，一袋'大白兔'。"刘老师还是向店门走了过来。我忙把包装好纸袋的糖递过去。趁她拿钱的时候，我打量了她一眼，她真的老了，脸上已出现了老年斑，嘴角露出一丝微笑，显得庄重而又矜持。庆幸的是，她把糖果放进提包里，始终没有认出我。

突然间，我想到应该把事情的原委告诉她了，这是一个乞求她宽恕的难得机会！"刘老师！"我禁不住叫了起来。她回过头来，惊异地看着我，看着看着，她兴奋起来了："你是小凤子吗？你真是……小凤子？"我含泪重重地点头。突然，她从提包里抓出糖果塞给我，说："你吃糖，快吃糖呀！"见我迟疑的样子，她却呵呵地笑了起来："怎么，不好意思吃老师的糖？你忘了，老师还吃过你的糖呢！"

我一时语塞了，不明白刘老师为什么要这样？是揭我的疮疤？还是为了发泄心中几十年的怨恨？"我一直惦记着你。那是在最困难的时候啊，我一辈子也忘不了！只是，老师没那福气享受，就在你走后不久，那颗糖就被专案组的一帮人搜走了。"

当天晚上，我买了很重的礼物去看刘老师。回家的路上，我更有了一种前所未有的勇气：当年，一颗搞错的但充满爱的糖果，可以激励老师的一生；而今，下岗的这点挫折，比起当年老师的处境来，不知要好上何止百倍千倍，我还有什么理由不好好生活呢？

心灵感悟

一颗搞错的糖果，充满了遗憾与愧疚；同样是这颗充满爱的糖果，在激励着老师的一生。支持与鼓励不仅仅是老师给学生的，作为学生，同样可以表示这份爱，一句安慰、一声问候，也许都是老师心中沉甸甸的甜蜜。

天使的翅膀

很久很久以前，有一个小男孩非常自卑，因为他背上有两道明显的伤痕。这两道伤痕，从他的颈部一直延伸到腰部，上面布满了扭曲的肌肉。

所以，这个小男孩非常讨厌自己，非常害怕换衣服，尤其是上体育课。当其他的同学都很高兴地脱下又黏又不舒服的校服，换上轻松的裤头背心的时候，小男孩只会一个人偷偷地躲在角落里，生怕别人发现他有这么可怕的缺陷。

可是，时间长了，他背上的疤痕还是被同学们发现了。"好可怕呀！""你是怪物！""你的背上好恐怖！"天真的同学们无心的话语最伤人。小男孩哭着跑出教室，从此再也不敢在教室里换衣服，再也不上体育课了。

这件事发生以后，小男孩的妈妈特地牵着他的手找到班主任。小男孩的班主任是一位慈祥的女教师，她仔细地听着妈妈说起小男孩的故事：

"这个孩子刚出生的时候就得了重病，当时本来想要放弃的，可是又不忍心，这么可爱的小生命，我们怎么可以轻而易举地把他丢掉呢？"妈妈说着眼睛不觉就红了，"所以，我跟丈夫决定把孩子救活，幸好当时有位很高明的大夫，愿意尝试用手术的方式来抢救这孩子的生命。经过好几次手术，好不容易把他的命保下来了，可是他的背部却留下了两道清晰的疤痕，这也是他与生命抗争的证明。"

第二天上体育课的时候，小男孩怯生生地躲在角落里脱下他的上衣。这时，所有的小朋友又露出了诧异和厌恶的声音："好恶心呀！""他背上生了两只大虫。"小男孩的双眼禁不住湿润了，泪水不听话地流了下来。

就在这个时候，老师出其不意地出现了，几个同学跑到老师身边，比划着小男孩的背。

老师慢慢地走向小男孩，然后露出诧异的表情。"老师以前听过一个故事，好想现在就讲给你们听啊！"同学们最爱听故事了，连忙围了过来。

老师指着小男孩背上的那两条明显的疤痕，绘声绘色地说道："这是一个传说，每个小朋友都是天上的小天使变成的，有的天使变成小孩时，很快就把他们美丽的翅膀脱下来了，有的小天使动作比较慢，来不及脱下他的翅膀！这个时候，那个小天使变成小孩子，就会在背上留下两道疤痕。"

"那这就是天使的翅膀呀！"同学们指着小男孩的背部纷纷发出惊叹。

"对呀！"老师的脸上露出神秘的微笑。

小男孩呆呆地站着，他的双眼此时此刻已不再流泪。

突然，一个小女孩天真地说："老师，我们可不可以抚摸一下小天使的翅膀？"

"这要问小天使肯不肯啊？"老师微笑着向小男孩眨了眨眼睛。

小男孩鼓起勇气，羞怯地说："好！"

女孩轻轻地摸了摸他背上的疤痕，高兴地叫了起来："啊，好棒！我摸到了天使的翅膀了！"女孩这么一喊，所有的小朋友都拼命地跟着喊："我也要摸摸小天使的翅膀！"

后来，小男孩渐渐长大，他深深地感谢这位让他重振信心的老师。高中时他还参加全市的游泳比赛，获得了亚军。他勇敢地选择了游泳，是因为他相信，他背上的那两道疤痕，是被老师的爱心所祝福的"天使的翅膀"。

心灵感悟

她对小男孩的关爱和关怀，对那群淳朴的小朋友的善意引导，对人性的理解与关怀，对生活的洞察，是一种伟大的人格力量，从中我们可以学到很多东西。可以说这是一篇震撼心灵的杰作。

如果不是这位老师的智慧，如果不是她的关于天使的故事，真不敢想象小男孩会变成怎样的人。在我们的日常生活中，我们也会遇到许多让我们觉得难堪的事，可是别人并没有意识到我们的难堪，于是就在无意中伤害了我们。面对这种情况，许多人没有承受的勇气，在伤害中放弃了自己。这时，就需要我们转换个角度来看。不要只看到让我们受伤害的一面，我们也要用另一种眼光来看，我们所受的伤害也不一定像别人说的那样，相反，它可能就是我们的"天使的翅膀"。

在爱里慢慢成长

那一年她十五岁吧，读初三，小小的心里有着极强的自尊，像妖娆的青春一样，来得猝不及防。

她是个温顺又寡言的女孩子。每天除了学习，几乎不会像其他女孩子一样，爱跟新来的年轻班主任聊天、开玩笑，甚至请他去吃门口小店里的冰淇淋。她看到他被花儿一样缤纷的女孩子们簇拥着的时候，心里除了细微的开心和向往，竟是没有丝毫的嫉妒。她知道父母弃了农村的家，跑到这个城市里来，边做没有什么保障的零工，边陪她读书，已属不易。还有姐姐，为了她的学费和父母的工作，勉强地和一个不喜欢的有权势的人订了亲，而且将婚期拖了又拖。除了最好的成绩，她知道自己再也没有什么能回报给他们的。当然，她还要在放学后早早地回去，帮父母做做家务，也让他们不必为她的晚归而过分地担心。

所以每每看见班里那一大群着了鲜艳的彩衣的女孩子们，嘻嘻哈哈地从学校里蜂拥而出，去小吃街上买一袋瓜子、几根香肠、三两田螺，尔后边吃边消磨掉回家前的自由时间时，她也只是默默地看上片刻，转身便朝学校的后门走去。

她很欢喜学校有这样一个安静的后门，可以让她不被人注意地慢慢走回家去。出了朱红色的门，沿着沙子铺成的小路走上几十米，再绕过一个大水塘，七折八拐地途经十户居民后，就到了她的家。家，也只是暂时租来的，是那种马上要被划入拆迁之列的瓦房。刚搬进来的时候，看到张开大嘴的墙缝，和出入自由的爬虫，她和妈妈都落了眼泪。是爸爸买了水泥和墙粉，一点点地给它穿上新衣，又在院子里用红砖铺了一条整齐的小道，下雨的时候，可以不必泥泞。这样一个破败的民居，才陡然有了生气。她吃过晚饭趴在书桌上学习的时候，看到对面干净的墙壁上，被橘黄色的灯光打上去的父母略弯的身影，便会觉得无比的温暖和感激。

可是这种温暖，她是不愿意拿出来与人分享的。只有无人打扰，它们才会在安静的角落里，慢慢地成长，且带给她淡紫色的温馨和优雅。

可是，这样的恬淡和自由，于她，是多么不易。常常有钦佩她成绩好的同学，为了更方便地向她学习，执意让她带着去认认家门。还有一些默默暗恋她的男孩，甚至会趁她不注意，放了学偷偷跟在她的后面，想通过这种方式，得到她的地址。每学期的家长会，亦是不容易逃掉的劫难。因为高高在上的成绩，老师常常会让她把父亲请来，给其他家长做如何教育子女的报告。这样的时候，她总是会撒谎。尽管她知道，其实父母多么希望能有这样一个机会，因为她而在人前骄傲地直起被生活重担压弯的脊背。

然而这一次，她却觉得再也没办法逃掉。除非，除非她转学或是读几乎没有什么升学希望的慢班。她借读的这个学校，是可以直升本校的高中部的。

中考的时候会根据成绩分出快班和慢班。快班的学生，几乎无一例外地会在三年后考上全国一流的大学，所以能进快班，几乎是每一个学生的梦想。可是，每年的学费，亦是比慢班要贵出许多。

所以当领申请报快慢班的表格时，她犹豫了许久，终于还是在慢班一栏里，轻轻画了一个对号。

那天放学后，年轻的班主任便把她叫到了办公室。班主任是个极温和的人，有着友善又亲切的微笑。他像兄长一样拍拍她的肩，示意她坐下，又冲了一杯热茶递到她的因为慌乱而无处搁置的手中，这才开口问她："这么好的成绩，为什么不报快班？是父母的意愿吗？用不用我去家访？"她低着头，看着杯口氤氲的热气，和一朵朵徐徐绽放开的茉莉花，竟是许久，才慌慌地摇头。杯子里的热茶，"哗"地一下子洒出来，烫红了她的手。积蓄了许久的泪，终于趁此"哗哗"地流了满脸。

班主任连声地向她说对不起。看天晚了，又执意要送她回家。她不知道怎样拒绝，只无声地退了几步，便使尽平生的力气道了声"再见"，返身向学校的后门跑去。

那一晚，她躺在床上翻来覆去地想了许久，终于还是在第二天吃早饭的时候，把要报快慢班的事，和着母亲做的蛋炒饭，一起咽到了肚子里。

几天后，班主任又将她叫到了办公室，给她看一份盖了学校红印章的通知。上面说中考前三名的学生，学校给予免掉所有学杂费的奖励。尔后，班主任呵呵笑着说："快班也是免，慢班也是免，你有这个把握为何不报快班，这样就不会吃亏了呀！"她第一次抬起微红的脸，笑望着自己的老师，重重地点了点头。

经过三个月拼命的努力，终于换来了第一名的成绩。全校表彰大会上，要请她的父母代表家长讲话。这次她是飞快地跑回家将这个消息告诉父母的，又坚持着要用自己节省下来的学费给全家都做套新衣服。父亲听了没有像往常那样因为这不必要的开支而犹豫不决，而是很爽快地就带全家去裁了新衣。

开会的时候，她与班主任并肩坐在主席台上，看着话筒旁一身西装的父亲，由于激动而绯红的面颊，像是喝了几两好酒，幸福藏也藏不住。身旁的班主任，亦是一脸兜不住的骄傲和开怀。那一刻，她的心里，再也没有昔日因为自己的贫寒，而蓄积起的自卑和自怜。她真想告诉每一个人，自己的努力，竟是可以给这么多人带来切实的快乐和欣慰。

她是在三年之后考上她理想中的大学的时候，才知道那个盖了红色印章的通知，是班主任一个善意的欺骗。三年的学费，亦是他，一次次地替她交上的。

可是那时候的她，并没有因此而有过分的惆怅和自卑。因为她早已能够正视自己的贫穷，并且真正地意识到，有如此许多的爱帮助她慢慢走过这段自尊与自卑无限滋长的岁月，其实是一种多么值得她用一生去感恩的美好和幸福啊。

那个女孩，就是年少时的我。

心灵感悟

做人要诚实，不要说谎。作为一种美德，我们常常受到这样的教育。在现实生活中，在我们身边，确确实实存在着许多善意的、幸福的谎言。生活也因此而变得更多彩。

只要出发点是善意的，只要你怀着一颗真善美的心，只要是为他人着想，只要是无私的，那么谎言也是幸福而美丽的。

牵心的眷恋

出门的时候，才发现漫天飘起了细细的雪花。白白的，小小的，轻轻落在脸上。这种感觉，让我想起曾经有过的一份牵心的眷恋，冷得让人心痛。淡淡的忧伤，却很清凉……

那年，我进了一所重点高中。从那时起，我喜欢上了一首名叫《雪人》的歌，它优美的旋律和细腻的歌词，深深感动着我。

这一年很快过去了，暑假后，我进入了高二。开学第二天就有政治课，上课铃响了，我还在低头看书，教室里一阵小小的骚动，我抬起头，走上讲台的是一位三十岁左右、风度翩翩的男老师。在众多惊奇的目光中，他很自然，没有自我介绍，没有开场白，直接开始讲课。我身后的男生小声告诉我："这是陈枫，政治组的王牌，历届学生公认的帅哥。"

陈枫个子比较高，偏瘦，但很挺拔。他长得并不十分英俊，却有一种特别的魅力，尤其是他的眼睛，很大、很有神。他的微笑，透着恰如其分的高傲。

我从没听过如此精彩的政治课，陈枫不时联系当今社会经济发展提出独到见解，让人不得不佩服他思维的敏捷和知识面的广博。我愈发感到，

青春励志

温暖
——让心灵去旅行

陈枫出众的气质缘于他充分的自信心，自信而恰如其分。这一点让我欣赏。陈枫从我身边走过，我一抬眼，正接触到他的目光，那一瞬间，有一种心动的感觉忍也忍不住。这节课过得出奇的快，下课的时候，我竟有了一丝留恋。想起自己还有一道数学题要问老师，我去了办公室。陈枫站在办公桌旁，我径直走向数学老师，不敢再看陈枫，却听见他说："你是苏檬吧？"我意外地抬起头："是的。"数学老师开始讲题了，我始终集中不了注意力，我听见陈枫轻声重复了一遍我的名字："苏——檬。"手指在桌上轻轻敲了敲。

以后的日子，我开始盼望政治课，对政治的兴趣也开始浓厚，我知道，这完全是因为陈枫。很多次，我注视他，都会遇到他的目光，很深邃。我却无法坦然地迎接他的注视，飞快地把视线移开，做出若无其事的表情继续听课。我知道自己很不自然。我觉得陈枫的眼睛可以读懂一切。

我开始担心陈枫简单地以为我不过是又一个幼稚的女孩。果然，陈枫从没有叫我回答过问题，直到那本薄薄的点名册一页页被他翻完。我告诉自己不必在意，可心底还是漾起一丝丝的惆怅。

我开始感到苦恼。我不停地听《雪人》，已是冬天了，我觉得自己就像是冰天雪地里一个孤单的雪人，真的好冷。我知道自己好傻。

邻班一个男孩给我写信，说他喜欢我。那天放学我等到很晚，老师和同学都走了，在教学楼下，我和那男孩简单地说着话。男孩其实很害羞，当我委婉地拒绝他时，他的脸红了。我不想多说什么，于是说声bye-bye准备回家，一转身看见陈枫迎面走来。我一怔，喊了声："陈老师。"陈枫没有表情，他深深地看了我一眼，擦肩而过。我奇怪地有了一种胜利的感觉，我笑了。但这才发觉其实自己想哭。

政治测验成绩出来了，我是全班最高分。其他人都很惊讶，因为我过去从不在意政治，每回测验只刚刚及格。只有我自己明白，我几乎倾注了全部热情去学政治，仅仅是为了陈枫。想起《雪人》："……好冷，整个冬天在你家门／ Are you my snow man ／我痴痴、痴痴地等……"我苦苦地笑。

班主任董老师找我谈话。那天办公室只有两个人，陈枫在看书。董老师严肃地向我："据我了解，你和邻班一个男生在交往，是不是？"我一惊，这么久以来一直抑制住的泪水夺眶而出："我没有……"陈枫抬起了头。董老师语重心长："苏檬，你将来是要考名牌大学的，可别做错事耽误了学业啊！"我忍住眼泪一字一句地说："我不会那么做的，请您相信我。"董老师叹了口气，挥手让我回教室。转身时我含着泪看了一眼陈枫。那天我和男孩说完话遇见他，想起他那深深的一眼，一定是他说给董老师听的，我失望极了！

回到家，我大哭了一场，痛快淋漓。我告诉自己：苏檬，不要倾斜你感情的天平。我拿起梳子，把头发束成高高的马尾巴，心情顿时爽朗了许多。

第二天，最后一节课是政治。陈枫的目光扫过教室，他看到了我。我平淡地望着他，我觉察到他的眼神轻轻一颤。整整一节课，他的视线再没有移向我。下课了，陈枫走过来："苏檬，请你到办公室来。"我缓缓地收拾书包，隐隐有些不安，不知他会说些什么。

"昨天在办公室，我听见了董老师和你的谈话，"他看着我，"我想有必要说明一点，我从没有向任何老师谈过你的情况，至于你怎么认为，我无所谓，但我希望你不要因为这件事影响自己的情绪。"他的眼睛坦然地直视着我，我这才发现自己并不了解陈枫。"陈老师……"不知该说什么，我觉得自己脸红了。陈枫微微一笑："我相信你。"

终于明白了自己这份感情，陈枫，最初我以为自己仅仅是欣赏他的风度、才华和他的自信，但那份微妙的感觉一点一点浸入我的心，不知不觉中已凝成了无法淡去的深深眷恋。我以为自己太幼稚，但陈枫的话让我释怀，甚至感受到一丝纤细的默契。纵使他很远，我也可以寄予一份默默的牵挂。淡淡的忧伤，很清凉。我想我应该快乐。日子平平淡淡地过去，我仍然常常听《雪人》，一遍遍地听，一遍遍地唱。政治课的时候，陈枫有时会走过我的身旁，那一刻，仿佛柔和的阳光洒在心上，暖暖的。

就这样，转眼已是高三，学期期末便是理科班政治结业的时候。又是冬天了，离期末越来越近。很早以前我就想过这天我会怎样的伤感，但真的到了，我却很平静。因为我想，陈枫会永远在我心里。细心挑选了一本留言册，只想留下他一个人的名字。当我把留言册递给陈枫，他随意地接过，和手中的书夹在一起，只轻轻说了声："下晚自习到我办公室来拿。"

好不容易等到晚自习结束，我来到陈枫办公室门口，里面的灯在黑夜中显得格外明亮。陈枫正在看书，桌上放着我的留言册。他站了起来，把留言册递给我。我接的时候，无意中触到他的指尖，留言册极轻地一抖。"可以现在看吗？"我忍不住问。"随便吧。"陈枫开始整理桌上的书。

他写的是一首诗："找一片心的牧场／尽情放逐你的理想／用歌声驱赶

失落／用喜悦掩盖忧伤／纵然浪迹天涯／希望系在心上／海枯石烂／感觉不会流浪"最后署着"你永远的朋友：陈枫"。

我哭了，才发觉这最朦胧的却也是最深刻的。

陈枫轻轻拍了拍我的肩："坚强些，以后的路还很长。"

圣诞节到了，在迎新春晚会上，我唱了《雪人》："雪，一片一片一片一片／拼出你我的缘分／我的爱因你而生／你的手摸出我的心疼／雪，一片一片一片一片／在天空静静缤纷／眼看春天就要来了／而我也将也将不再生存……"

台下响起热烈的掌声，我望见陈枫，他深深地看着我。我笑了，又泪流满面。

细细碎碎的雪花还在静静地飘着，我想起在一本书上看到的一句话："如果是一朵花，就让它开在我心里，谢在我心里，深埋在我心里……"

心灵感悟

少女情怀总是诗，美丽的憧憬、曼妙的思绪、热烈的遐想，是一个充满唯美情节的忧郁的梦。少女情怀本就充满诗情画意，如一缕温暖的春风吹过山坡，满坡的花儿遍山恣意绽放流淌，少女的心事也盛开了。

暗恋上老师，这似乎比与同龄的异性交往更令人惴惴不安，而心中又有一丝莫名的甜蜜。被爱的老师面对学生的爱慕，不会生硬地拒绝，不会轻易亵渎，而是处处维护学生的感情，并从各方面给予鼓励。这种美好的情感雪落无声，给"我"青春的梦画上了一个圆满的句号。

今年流行黄裙子

我就猜到今天是个又晴朗又温暖的好天气。心情很好地打开衣柜，我那件心爱的连衣裙平平展展，公主似的占着衣柜的主要位置。其他的衣服又嫉妒、又羡慕、又不满地挤在一个角落里。这是爸爸去年从广州给我买的，非常好看的淡黄色的丝绸料子，摸上去又柔软又亲切，舒服得要命。去年穿它时，这儿那儿瘪塌塌的，像挂在一个蹩脚的衣架上一样，自己也觉得走不出去。现在可大不相同了，穿上去哪儿哪儿都特别合适，该丰满的地方丰满，该苗条的地方苗条，款款地在房间里走几步，心里有说不出的激动。

吃早饭时，妈妈边剥鸡蛋边嘟嘟哝哝，说天气还凉，还没到穿裙子的时候。我装作没听清她的话，埋头喝牛奶。妈妈很怪，一见我穿漂亮衣服就要嘀咕，好像我打算出去勾引小流氓似的。

我背起书包，慢慢地下了楼。穿上这条裙子，顿时觉得自己变成了一个青春焕发的少女。微微地挺起胸，不慌不忙地沿着路边的冬青树走着。衣服对人心情的影响可真大。比如说当我穿上T恤衫时，我就觉得自己脚底下轻飘飘的，老想往上跳一跳，好像浑身的骨头都轻得没有了。而现在，我必须走出优优雅雅的步态，才对得起我的连衣裙。

太阳照在我的脸上，身上。我被一只看不见的手温暖地柔和地抚摸着。心的一个角落里在轻轻地唱着歌。路上走着买油条、买菜的老太婆，走着急匆匆上班的人，也走着像我一样去上学的学生。人人都奔向自己的目标，谁也没有注意到路边正走着一个穿淡黄色连衣裙的少女。我当然不会浅薄得像班里的罗婶之类的去统计马路上的"回头率"，但我非常非常希望有一个人，一个高高的、有一双明亮而温柔的眼睛的男人注意地看着我，真诚地对我说一声："你真漂亮。"真的，从来没人对我说过这样的话，连爸爸妈妈也没有。他们对我的相貌是很失望的，说我集中了他们的缺点。每每我穿上漂亮衣服自以为美得不行时，妈妈就要打击我："芸芸，你并不漂亮。"于是，我立刻一败涂地，自我感觉坏到了家。人要是自我感觉不好，就是穿上公主的衣服也不会漂亮。

在我走进教室时，男生们一个个偷偷地看着我。我一路走进去，背上像粘了几个苍蝇一样恶心。说真的，我们班上的男生对我一点吸引力也没有。他们白长了个头，一个个内心像孩子，却偏偏要做出很深沉的样子，真让人受不了。

罗婶穿着大红的裙子自我感觉极佳地走进教室，一路收获男生们的目光。她是习惯了接收"回头率"的。但一见到我，她的神色立刻蔫了。她腻腻歪歪地对我说："你穿这裙子不太合适。""是吗？"我反问一句，心里有点得意。大凡她说不好看的衣服，必定都是比她好看的。我于是又补充一句："Thank You！"

美术课是所有课程中最提不上议事日程的一门课。大家都明白，在这个教室里是不会出达·芬奇、毕加索。出亚妮那样的画童，分明又过了年龄。"主要在于培养你们的美学修养，艺术趣味，懂吗？"美术老师是个刚从大学分来的毕业生，他自然明白他这门课无法与数、理、化匹敌，于是拼命强调修养、趣味。人没有修养和趣味是很乏味的。于是大家不得不强打起精神，跟他学点修养和趣味。

美术老师属于艺术家气质，动不动就要激动，一激动就把玻璃片后面的眼睛瞪得像名贵金鱼一样，难看得叫人吃不消。他给我们讲色彩，讲红色的热烈，绿色的宁静、白色的纯洁、紫色的端庄。突然把目光准准地落到我身上："黄色是我最喜爱的颜色，就像那位女同学的连衣裙，真是美极了，明媚，淡雅，柔和，活泼中显出高雅……"说真的，我一直在隐隐地盼着什么。朦胧时挺有诗意，一想到实处就不免俗气。我在盼着有人夸我一声漂亮。可这夸奖来得如此突然，如此迅猛，简直像急风暴雨一样。我努力保持优雅的姿态，迎接全班同学的目光。我的心却跳得如同坐了过山车一般。一时间，甚至眼睛都有些湿润了。

美术老师还在论述近几年黄颜色异军突起的历史背景和审美心理。他的眼睛又开始瞪得像名贵金鱼。他一点也不符合我想象中男人的标准。但我发现他并不难看，他甚至有点像我喜欢的一部外国影片中的男主角。那男主角也是瘦瘦的，个头不高，戴一副眼镜，特别有味。看着看着，我的脸无缘无故地红了。一转眼，又碰上罗婵那嫉妒得差点挤到一起去的眼睛。我的心莫名其妙地跳起来，好像心里头有什么不可告人的念头被她看透了。

回家的路上，我走得又自信又优雅。有几个骑自行车的小伙子回头看我，还有一个对我吹了声口哨。弄得我又恼火又得意。

吃晚饭时，妈妈横挑鼻子竖挑眼地说我穿这条裙子如何地不好看。我心平气和地对她笑笑。丑小鸭变成了天鹅。从此她再怎么打击我，我也不会一败涂地了。上床的时候我想，如果以后我有一个女儿，我一定要教会她如何打扮自己。即使她不漂亮，我也要真诚地夸奖她、赞美她。相信她会真的越来越漂亮的。心里被这个念头搅得温柔得要命，好久都睡不着。

第二天早自习刚下课，美术老师到教室来找我，让我下午放学以后到他的画室去，他想为我画一幅像。我几乎想都没想就一口答应了。说真的，我特别特别感谢他，一心想为他做点什么。他刚刚走出教室，罗婵就笑眯眯地大声问："怎么这样激动呀，脸都红了。"

152

"因为我高兴！"我也大声回答她。

一个教室的同学都朝我们看，不知道我们在讲什么黑话。我知道她这会儿在转什么念头，她也一定知道我在想什么。人和人到了这个地步，真有点可怕了。

我如约去了。老师让我站在一块深红色的丝绒前，给我放着一张唱片，恰巧是我爱听的《少女的祈祷》。他一边跟我聊着天，一边飞快地往画板上抹涂颜色。

"你知道，蒙娜丽莎就是这么画出来的。"他的眼睛又接近名贵金鱼了，"达·芬奇为他的女邻居画像时，专门请人为她演奏音乐，所以才有那永恒的微笑。"

"您这是老皇历了。我听说蒙娜丽莎就是达·芬奇本人的自画像，这是最新研究成果。"怎么啦，我这语气，倒好像我是个罗婵那样专门嗲声嗲气跟男老师说话的女生。

老师大吃一惊，眼镜都差点掉下来："有这种说法？不可信，不可信。蒙娜丽莎跟达·芬奇，哪儿对哪儿都不是一回事。"他被这最新成果噎得差点背过气去。然后他滔滔不绝地引经据典，竭力要我相信蒙娜丽莎是达·芬奇的邻居。我笑眯眯地听着。尽管我一向喜欢相信新的东西。但这一回，我还是更愿意相信老师的观点。

少女仍在祈祷。唱片已经很旧了，发出沙哑的杂音。"要换一面吗？"他征求我的意见。我摇摇头。我太喜欢此刻的气氛了。

"你知道吗？你不漂亮，但你很美。"他仔细地端详着我，我被他看得一阵脸红，"英语中美和漂亮是两个不相干的单词。漂亮是外在的，美是从内心里放射出来的，是一种内在的气质。来，把胸挺一点儿，对，再挺一点儿。"

我不好意思得要命。就像有一次医生给我听心肺，听诊器刚伸到我胸部一样。但我还是按老师要求的那样做了。当我微微挺起胸时，心被一种骄傲一种甜蜜塞得满满的。

老师画得非常出色。深红色的背景，衬着淡黄色的少女。柔和的线条把我勾勒得亭亭玉立。原来我是这样的一个女孩子。一霎间，我觉得我终于找到了自己。

"老师，谢谢您。"

青春励志

温暖——让心灵去旅行

"不，我该谢谢你。"他俯身为我的裙子添几笔颜色。他离我这么近，我的头发甚至可以感觉到他的呼吸。我有点慌了，想离他远一点，一挪脚，却碰上了他的手。我的心突然异样地狂跳起来。

一阵沙哑的、有节奏的声音，唱片到头了。老师过去把唱片掉了个面，宁静、舒缓、圣洁的旋律充满了整个画室。我听出来，这是《圣母颂》。他站在唱机旁对我笑了笑，就像一个大人对一个小姑娘那样。我的心渐渐平静下来："老师，我走了。"

"再见！"他亲切地说。

走出很远，我才敢回头看一眼。夕阳宁静地照在画室的小窗上，窗口被牵牛花藤蔓密密地缠绕和包围着，我深深地看一眼那开放着的淡紫色的牵牛花，心里宁静得像刚刚从甜睡中醒来一样。空气中的每个分子都在唱着那宁静圣洁的旋律，心也在和它们共鸣着。人的一辈子总有一点值得深深记在心里的东西，即使成了老太婆或老头儿都不会忘记。我心想，我是不会忘记这样一个宁静的傍晚，宁静的晚霞，宁静的牵牛花和那《圣母颂》了。

我发现自己突然变了，变得又开朗又自信。我常常大声地笑，大声地唱歌。罗婵总是用研究的目光看着我。我再也不怕她的目光了。我整个心地是干干净净的，干净得如同冬天第一场下过雪以后的田野。

我那幅画像在一次美展中展出了，美术老师给我两张票，让我请爸爸妈妈去看画展。我把票留下了。爸爸不在家，我不会请妈妈去的。看到我的画像，她会发疯的，会以为她的宝贝女儿被什么人勾引了、欺骗了、污辱了。她的联想是很丰富的。

我的画像挂在一个不起眼的角落里。它应该属于一个宁静的角落。我久久地看着画面上的自己。那修长的脖子，线条柔和的胸部，还有那淡淡的、柔软的黄裙子，使我心里充满了温情充满了感动充满了焦虑不安。我怕我以后再不会像那一天、那一刻那样的完美、那样的纯洁了。

我的头发又感觉到一种我熟悉的气息。我没有回头，我知道是我的老师来了："老师，这幅画能送给我吗？"

老师沉默了一会儿："真有点舍不得，但我理解你的心情。你现在可以把它交给你爸爸妈妈保存。等以后，你可以把它送给你最爱的人。"

送给谁？送给我想象中的那个男人，高高的个子，温柔的眼睛。我不知道我什么时候在什么地方能够遇到他。但我相信他一定是存在的。总有一天，他会看到我这幅像，他会久久地看着，对我说："你真漂亮。"那时，我会很甜蜜很温情地想起我的老师和我曾经拥有的那样一个宁静的傍晚。

过了很久。有一天，美术老师把我叫到他的小画室："找你来，是为了告诉你一件事。"他的神情有几分局促，"是这样的，有一个华侨，看中了你的画像，几次三番地找我，说要买下来，不管多高的价格都行。"

"老师，您答应过的！"我觉得自己无力得像一个小孩子。

"是的，是的，我也这样告诉他。可他是个收藏家，在东南亚一带很有名……"

"你给他了？"

他沉默着。

"你收下他的钱了？"

他仍然沉默着。

我也沉默了。我慢慢地转过身，离开他的画室。"也许，我可以给你重画一幅。"他的声音在低低地追着我。"不，不用了，老师。"我淡淡地说。

仍然是一个静静的傍晚，缠绕在窗口的牵牛花已经开始凋谢了。毕竟不是那个傍晚了。

一个穿黄连衣裙的少女最后一次去看她自己的画像。她从那幅画前走过，却没有停下脚步。画面上的少女柔和、优雅地亭亭玉立着。她的脚下挂着一张小小的纸条，上面写着"已售出"。少女走了过去，连头都没有回。

少女走出美术馆。阳光很明媚地照在她淡黄色的裙裾上。悬铃木在她身上投下温柔的阴影。空气中充满了夏天的气息。这儿那儿飘闪着一片片明亮柔和的黄色。

"今年流行黄裙子。"有一本时装杂志这么说。可少女却再不会穿她的黄裙子了。

心灵感悟

老师一句美好的赞美之辞，能让一个自卑的少女找到了信心，能让她看到自己身上独特的美丽之处，并由此感悟到身边的许多美好的细节。"老师"的形象也变得空前可爱、高大起来，赞美与肯定的力量由此可见。

可是，一旦这种清澈的情感掺进世俗的规则，一切美好都将化为灰烬。

纯纯的师生情

在我心目中，唯有她是世界上最慈祥、最可亲和最美丽的人，她是我二年级的老师。我长大了，一定要和她生活在一起——只要她肯等我。在教室里，我常常整个上午都坐在自己的座位上，想去厕所又不肯举手，因为我一秒钟都不愿意离开教室，不愿意失去和她在一起的珍贵时间。

然而，每逢她问谁愿意擦黑板或者把作业收齐送到讲台上去时，我总是第一个举手。这是最好的差使，我可以接近她，把全班同学都撇开，我会把作业理了又理，放得整整齐齐，然后才恋恋不舍地回到自己的座位上去。

新学期开学不久，我就老缠着妈妈在我的饭盒里多放一个苹果或桃子。我始终没有敢对妈妈说是要给老师的，也不敢当面递给她。

带去的好东西，总是偷偷地放在讲台上，而她的反应每天都一样：

"同学们，早。"

"林老师早。"大家异口同声地说。

"哦，真好！"她拿起当天的贡品，四下打量全班同学，"是哪位小朋友想到给我带来的？"

谁也没有承认，我就更不必说了。我只是低下头，眼睛直盯着书桌。

"难道有人喜欢我，而又不肯说，是吗？"她问道。

我只觉得自己的脸越来越红。我相信大家都在看着我。等到林老师把水果摆到一边，开始上课时，我这才松一口气。

我总是在林老师面前过不去，当然这不是故意的，是我自己常常心不在焉。我望着窗外的天空。我和她站在森林中的一块空地上，我们紧紧地靠在一起。突然，一只发了蛮性的大象奔出松林，一直向我们撞来。我不慌不忙地举起猎枪，一枪打在大象两眼之间。大象慢慢地倒下了，它那大鼻子落在了她小巧玲珑的鞋子上。她无限温存地抱着我，说："我的恩人，你救了我的——鱼！"

我猛然惊醒，发现梦中情人正在轻轻地拍着我的小肩膀。"我刚才问你，'鱼'字怎样写？也许我该问你'梦'字怎么写吧？"

顿时，全班同学哈哈大笑起来，我一下子满脸通红了。放学之后，我被留在教室里罚写二十五遍"我不该白日做梦"。

说真的,这种处罚真开心,就只有我和她俩人在一起,我能写多慢就写多慢。

秋天,有一个上午,全班同学乱哄哄的。有人发现第二天星期五刚好是林老师的生日,每人都想送点礼物给她。我的心怦然一动,现在有机会当面送东西给她了。那天下午,我一直在田野里找野花,这个季节开的花不多,但我还是在灌木丛中找到了几种鲜艳的浆果,一个绽裂后细丝茸茸的乳草荚和一些干蓟的头状花。最后我又找到一簇艳丽无比的红叶,我摘了一大把,连同野山桂和浆果扎成一束鲜花。

第二天早晨,大家纷纷献上礼物,我故意挨到最后。终于轮到我走到讲台前,我把鲜花献给她。她接过鲜花,欣喜地叫了一声,举起来在脸上轻轻贴了一阵。我得到的奖赏是她的嫣然一笑,但更大的奖赏是让我抱花瓶、插花。

可是到了下星期一,林老师没有来给我们上课。十点左右,校长把我叫到办公室去。我走进去,想不到妈妈也坐在那里。桌子上放着我送给林老师的鲜花,花已经凋谢了。

"你可知道林老师今天在哪儿?"校长问。

"不知道,校长。"我回答。

"林老师,"校长一字一顿、慢条斯理地说,"她在医院里,是你害了她!"

我站在妈妈身边,吓得直发愣。

"你知道你给她的是什么吗?"校长接着问。

我点了一下头。"浆果、干蓟,还有好看的大红叶。"我如实地报给他听。

"小朋友,那大红叶是野葛,是黄栌的一种,皮肤碰到了就会发严重的疹子。"他越说越生气,"你摘果的时候用什么来保护自己的手?戴了手套吗?"

我摇了摇头,"真的,我一点也不知道是野葛。"我哭了。

校长站了起来,"现在我决定,罚你停学十天,将来怎样,要看你回来以后的表现再决定。"

我一路哭着回家。心里难过的倒不是因为被停学,是因为意中人惨遭不幸。我又跑到野树林里摘了一些野葛叶子,拿回家去给妈妈看,"您看,我手上根本没有戴什么呀!"我忍着泪水说。

妈妈看着红叶,说:"好了,宝宝。赶快把叶子扔掉,然后把手洗干净。"

温暖——让心灵去旅行

我洗完手回来，妈妈坐在她那摇椅上，张开双臂，让我坐到她的怀里，抱着我摇了一阵。"我们找点东西玩玩吧！"她终于说，"你最想干什么？"

"我想去看看林老师。"我迫切地说。

我们到了医院，只见林老师坐在病床上，脸上缠着绷带，只露出一双眼睛，双手也密密层层地缠着绷带。

"我不知道那是葛叶子，"我冲口而出，"我不是有意想要害您生病的。我只想送给您一点东西……"我再也说不下去了，差点没哭出声来。

林老师打量了我一阵，然后说："你是想送我一点特别的东西，对不对？"我点点头。

"那些苹果是你送的，对不对？"我又点点头。

"等我这些绷带都拆掉以后，我要紧紧地抱抱你。"林老师说。

"还有，我还要告诉你一个秘密，"她接着说，"我结婚以后，假使有一个儿子，我希望他长大了和你一样。"

妈妈牵着我的手走出病房时，我仿佛看到林老师的眼里含着热泪。她很感动，也许是感激。

心灵感悟

有这样一段话："教师是船长，于浪谷潮尖，急流险滩导航掌舵，将年轻的水手送往希望的大海、成才的彼岸。"教师是船长，更是园丁，精心地培育着祖国的希望。"春蚕到死丝方尽，蜡炬成灰泪始干。"或许这就是对师爱最好的阐释。

每当夜阑人静，想起那曾经一段段纯洁的师生情，总有一股暖暖的潮水充溢心田，慢慢地向心底荡漾开去……

父母的生日

铃声响了，我去初一（4）班上美育课，这一节课要讲"亲情之爱"。

我介绍了纪伯伦的散文《母亲颂》，又请全班同学一起吟读了泰戈尔的小诗《仿佛》。诗很短，语言也朴素。女孩子声音本来就轻柔，就连那些一刻都不肯安静的小马驹，那些男孩子，也轻轻地、低低地吟读了，教

室里开始弥漫着一种温暖的气息——我可以开始了!

我问:"爸爸妈妈知道你的生日在哪一天吗?"

"知道的!""知道的!"一片唧唧叽喳喳就是回答。

"生日那天,爸爸妈妈向你祝贺吗?"

"当然祝贺啦!""祝贺的!"还是一片唧唧喳喳,还有的显出不屑一答的神色。

"'知道的'、'祝贺的'请举手!"

他们骄傲地举起了手,神气十足地左顾右盼。

这场面多好!

"把手举高,老师要点数了!"我提高了声音,"嗬,这么多呵!"

我的情绪迅速地传染给他们,他们随着我一起点起数来,"15、16、17……"越点越多,越点越兴奋,声音越来越响,前排的孩子都回过头来往后看,几个男孩子索性站了起来,我也不阻止他们。几乎所有的孩子都在快乐无比地交谈,谈的内容当然是生日聚会、生日礼物、父母祝福……

"去年生日,爸妈给我一把钥匙,一把书橱的钥匙,书橱里都是世界名著,那么多!"

"生日那天,爸妈给我一辆玩具汽车……"大伙儿哄笑起来,发言的男孩急得涨红了脸,"听我说完——一辆很高级的玩具汽车。爸妈说,一个人的童心很可贵,要珍惜。以后再也没人送我玩具汽车做生日礼物了。老师,是吗?"

我点点头。他胜利了,朝哄笑者作了个鬼脸。

孩子们会感受爱了——无论是温柔细腻的母爱还是粗疏笨拙的父爱——但这还不够。我还想潜到海的深处去,潜到孩子们心灵的深处,去寻找蕴藏在那儿的、连他们自己都没意识到的极为珍贵的东西。我将小心翼翼地把它们捧出水面,当它们遇到空气和阳光就会在刹那间结晶成珍珠。

我接着说:"我可以再提一个问题吗?"

孩子们还都沉浸在快乐、骄傲之中,他们点头,他们的眼睛在说:"问吧,我们有的是叫您满意的答案!"

"你们中间有谁知道爸爸妈妈生日的,请举手!"

霎时,教室里安静下来。我把问题重复了一遍,教室里依然很安静。过了一会儿,几位女学生沉静地举起了手,在周围许多双略带敬意、微有妒意的目光中,她们似乎更加矜持了。

"向爸爸妈妈祝贺生日的，请举手！"

教室里寂然无声。

没有人举手，没有人说话。

孩子们沉默着，我和孩子们一起沉默着……

他们感到了我的期待。刚才他们的目光还追逐着我的，此刻全躲开了。他们低着头，他们望着窗外，他们沉默不语。在这一片沉默下面，涌动着什么？萌生着什么？他们又似乎在忍受着什么？不安？歉疚？懊悔？我不知道，我不能说……然而，我意识到，孩子们心底最珍贵的东西，正被慢慢地托出水面，遇见阳光，结成珍珠。

沉默了足足一分钟，我悄悄地瞥了一下这些可爱的像犯了大错的孩子们——他们的可爱恰恰在那满脸的犯了大错的神色之中，我终于放轻了口吻，轻轻地问："怎么才能知道爸爸妈妈生日呢？"

像获得赦免一样，那一双双躲闪的目光又从四面八方慢慢地重新回来了。先是怯怯的一两声，继而就是七嘴八舌了："问爸爸！""不，问外婆！""自己查身份证！"

教室里重又热闹起来，但与沉默前的热闹已经不一样。

结束这堂课时，我给孩子们提了建议：为了给父母一份特别的惊喜，你最好用一种不为父母察觉的方式了解他们的生日，而祝贺的方式是各种各样的，但记住一点，只要你表达了自己的爱，再稚拙的礼物他们也会觉得珍贵无比的。

不久，学校开了家长会，那些爸爸妈妈们不约而同地说到："我那小家伙真懂事了呢！""他祝我生日快乐！""他送了我礼物！""他给我写信叫我不要烦恼！""他会体贴人了！"

……

哦，我真快活！这一片沉默给了我莫大的享受啊！在沉默中，这些小家伙终于懂得要回报父母对自己的爱了——这是他们迈向健康人生的第一步……

心灵感悟

老师，是传道授业解惑者，更是教我们懂得道理的人。只需一课堂，便让学生们学会了感恩于父母，让学生们学会体贴父母、关心父母。这样的一堂课，在每个孩子心中都有着重要的意义。

第五篇

灵魂深处的握手

生活像雨后的虹，多彩又绚丽。清晨醒来，意味着新奇的接受，我们每天接触不同的人和事，感受着生活中的悲欢离合；经历着生命中的每一个程序，从而使我们的内心充实，生命丰盈。那么，热爱生活吧，让生命中充满美和爱，让爱之心经那平静的湖水添加波光闪闪的涟漪，付给别人一份爱，别人还回一份爱，让爱之链围绕我们永久、永久。

最后的常春藤叶

在华盛顿广场西面的一个小区里，苏艾和琼珊在一座矮墩墩的三层砖屋的顶楼上设立了她们的画室。

那是五月间的事。到了十一月，一个冷酷无情的、肉眼看不见的、叫"肺炎"的不速之客，竟然打击了琼珊。她躺在那张漆过的铁床上，一动也不动，望着荷兰式小窗外对面砖屋的墙壁。

一天早晨，那位忙碌的医生扬扬他那蓬松的灰眉毛，招呼苏艾到过道上去。

"依我看，她的病只有一成希望。"他一面说，一面把体温表里的水银甩下去。"那一成希望在于她自己要不要活下去。人们不想活，情愿照顾殡仪馆的生意，这种精神状态使医生一筹莫展。你的这位小姐满肚子以为自己不会好了。要是你能使她对冬季大衣的袖子式样发生兴趣，我就可以保证，她恢复的机会准能从十分之一提高到五分之一。"

医生离去之后，苏艾到工作室里哭了一场，然后，她拿起画板，吹着拉格泰姆音乐调子，昂首阔步地走进琼珊的房间。她架起画板，开始替杂志画一幅短篇小说的钢笔画插图。忽然听到一个微弱的声音重复了几遍。她赶紧走到床边。

琼珊的眼睛睁得大大的。

"怎么回事，亲爱的？"苏艾问道。

"六。"琼珊说，声音低得像是耳语，"它们现在掉得快些了。三天前差不多有一百片，数得我头昏眼花。现在可容易了。喏，又掉了一片。只剩下五片了。"

"五片什么，亲爱的？告诉你的苏艾。"

"叶子，常春藤上的叶子。等最后一片掉落下来，我也得去了。三天前我就知道了。难道大夫没有告诉你吗？"

"哟，我从没听到这样荒唐的话。你这淘气的姑娘。现在喝一点儿汤吧。让苏艾继续画图，好卖给编辑先生，换了钱给她的病孩子买点儿红葡萄酒，也买些猪排填填她自己的馋嘴。"

亲儿子养。"鞋匠闷了半晌没说话，末了，把碗往桌上一丢："贴心贴肉，他父母快想疯了，你胡说什么。"

鞋匠还是四处打听，他一刻也没有放松对孩子父母的找寻。他求人写下好多寻人启事，然后不辞辛苦地贴到大街小巷，风刮雨淋之后，他又重新再来一遍。甚至有熟人去外地，他也要让人家带上几份，帮他张贴。他找过报社，没有人愿意帮这个忙，电视台也没有帮助他的意思。他把该想的办法都想了，心中只有一个念头：一定要找到孩子的父母。

终于有一天，孩子的父母寻到了这个地方。他们只是说了几句感谢的话，就急匆匆地带着孩子走了，鞋匠并没有计较什么，只是一起摆摊的人都揶揄他，说他傻。他总是呵呵一笑，什么也不说。

生活好像真的跟鞋匠开了个玩笑，这之后便再没有了孩子的任何音信。后来，他搬离了那座小城，一家人掰着指头计算着孩子的岁数，希望长大了的孩子能够回来看看他们，但是，没有。再后来又数次搬家，直到他死，他也没有等到什么。

若干年后，一个有德有才的小伙子因为帮助寻找失散的人成了名，他在互联网上还注册了一个专门寻人的免费网站。令人惊奇的是，网站竟然是以鞋匠的名字命名的。进入网站，人们看到，在显要位置上，是网站创始人的"寻人启事"，他要寻找的，就是很多年以前，曾经给过流落在街头的他无限关爱和帮助的那个鞋匠。

网站主页上，滚动着这样一句耐人寻味的话："当你得到过别人爱的温暖，而生活让你懂得了把这温暖变成火把，从而去照亮另外的人的时候，不要忘了，这就是生活对爱的最高奖赏。"

心灵感悟

　　一个孤独脆弱的灵魂总是让人顿生怜悯之心，其实再坚强的人也能在懦弱的时候有着悄然泪下的一幕。只不过有的人善于把内心的柔弱隐藏，有的却表现得淋漓尽致。你的伤感就是一把双刃剑，在伤害自己的同时，也触痛了别人、感化了别人，一种潜移默化的默契，会影响着彼此在今后的人生道路上何去何从，其实这个感化的催化剂就是有一颗善良的心。

陌生人的善意

梅雨季节，令人心浮动，生活烦躁起来。尤其是上下课时，捧抱着大叠教材讲义，站立在潮湿的街头，看着呼啸如流水奔涌的大小车辆，却拦不住一辆出租车，那份狼狈，无由地令人沮丧。

一

也是在这样绵绵密密、雨势不绝的午后，匆忙地赶赴学校。搭车之前，先寻觅一家书店，影印若干讲义给学生，因为时间紧迫，我几乎是跑进去的，迅速将原稿递交从未谋面的年轻女店员。

那女孩有一双细白的手掌，铺好原稿，开动机器，她先影印了两张尺寸较小的，而后将两张影印稿并排成一大张。抬起头，她微笑地说："这样不必印八十张，只要四十张就够了。好不好？"

我诧异地看着她继续工作，复印机一阵又一阵的光亮闪动里，也诧异地看着她的美丽。

原本，她的五官平凡无奇，然而，此刻，当我的心灵完全沉浸在这样宁谧的气氛中，她不再是个平凡女孩。

我看着她仔细地把每一张整齐裁开、叠好，装进袋子，连同原稿还给我。付出双倍劳力，却只换来一半的酬劳，她主动做了，还显得格外光彩。

离开的时候，我的脚步缓慢了些。焦躁的感觉，全消散在一位陌生人善意的温柔中。并且发现，即使行走在雨里，也可以是一种自在心情。

二

第二次去澎湖，不再有亢奋的热烈情绪，反而能在阳光海洋以外，见到更多更好的东西。

望安岛上任意放牧的牛群；刚从海中捞起的白色珊瑚，用指甲轻划，会发出"筝"的声响。夏日渡海，从望安到了将军屿，一个距离现代文明更远的地方。有些废弃的房舍，仍保留着传统建筑，只是屋瓦和窗棂都绿草盈眼了。岛上看不见什么人，可以清晰听见鞋底与水泥地的摩擦，这是一个隔绝的世界呢！

转过一丛丛怒放的天人菊，在某个不起眼的墙角，我被一样事物惊住了——一具蓝色的公用电话。

不过是一具公用电话，市区里多得几乎感觉不到，然而，当我想到当初设置的计划，渡海前来装置、架接海底电缆……那么复杂庞大的工程，只为了让一个人传递他的平安或者思念，忍不住要为这样妥贴的心意而动容了。

三

一个月的大陆探亲之旅，到了后期已如贱兵败将，恨不能丢盔弃甲。大城市的火车站规模不小，从下车的月台到出口，往往得上上下下攀爬许多阶梯，那些大小箱子早超过我们的负荷能力了。

那一次，在南方的城市，车站阶梯上，我们一步也挣不动，只好停下来喘息。一个年轻男子从我们身边走过，像其他旅客一样。而不同的是他注视着我们，并且也停下来。

"我来吧！"

他温和地说着，用卷起衣袖的手臂便抬起大箱子，一直送到顶端。我们感激的向他道谢，他只笑一笑，很快的隐遁在人群中。

着白色衬衫的背影，笑容像学生般纯净，是我在那次旅行中，最美的印象了。

现代人因为寂寞的缘故，特别热衷于"谈"情"说"爱；然而又因为吝啬的缘故，情与爱都构筑在薄弱的基础上。

有时候，承受陌生人的好意，也会忍不住自问，我曾经替不相干的旁人做过什么事？

人与世界的诸多联系，其实常常是与陌生人的交接，而对于这些人，无欲无求，反而能够表现出真正的善意。

每一次照面，如菱荷映水，都是最珍贵而美丽的人间情分。

心灵感悟

从小，我们就接受"不要答理陌生人的问话，谨防上当受骗"的教育，以至于现在，在成人的世界里处处是警惕、时时是提防，"陌生人威胁论"不免让人心寒。可是陌生人，真的都那么面目可憎吗？就像我们不想害人一样，还有无数像我们一样的陌生人也心存善意，你能感觉到吗？

城市里的牵牛花

在这寸土寸金的闹市区居住，阳光是要花钱来买的。我是一个普通的教育软件推销员，钱自然不多，所以只能蜗居在这黑暗的小单元房里。

我整天奔波在一幢幢的居民楼之马磨破嘴皮推销着产品。一天下来，累得贼死。一挨到家，我总是像甩毒蛇般甩掉脚上的皮鞋，躺在阳台那张破旧的躺椅上，然后把脚搁在防盗网上。点燃一支廉价的香烟，让烟雾驱散我的疲惫和失落。这时，我就极羡慕对面的居民楼，它的阳台与我相距不到10米，但因为正对南边，所以正午和黄昏的时候，必定有一方阳光徘徊在阳台上。

对面阳台上有一盆花，是一盆很土气的牵牛花，已经开始牵藤了。花的主人是个小女孩，大约六七岁的样子，长得伶俐乖巧，笑容很甜。她放学回来，我也大约下班回家了。我总是看着她在阳光下侍弄她的花，但我们总是遵守着这城市里的约定：不轻易和陌生人说话。

也许是大团大团的烟雾吸引了她的视线，她忽然说："叔叔，你抽那么多烟，嗓子不疼吗？"我有气无力地说："你不懂，我这里没有阳光我抽烟取暖。"小女孩笑了，露出雪白的牙齿，说："抽烟怎么可以取暖？"说完像忽然想到什么似的，噔噔地跑进房间，不一会儿她又跑出来了，手中拿着一面小小的镜子。她调整好角度后，一个圆圆的光斑就落在了我的胸前，晃得我连眼睛都睁不开了，心里却莫名其妙地振奋起来。小女孩又蹬蹬地跑进屋里，拿来了一团毛线，把一头系在自己的阳台栏杆上，然后对我说："叔叔，我扔过去，你接着后拉紧系在你的阳台上。"我疑惑地伸出双手接住毛线团，照做了，于是在两栋楼之间架起了一座毛线的桥。她小心地拉起牵牛花的藤缠绕在毛线上，我恍然大悟，又哑然失笑，说："我这里没有阳光，牵牛花不会爬过来的。"小女孩信心十足地说："会的，叔叔，我用太阳光给它引路，不信你等着看吧。"

我认为这不过是一个小小的游戏。但这个黄昏真的是很美好，小女孩在对面做作业，我静静地翻着杂志，中间是一道缠了一段牵牛花绿藤的毛线桥。

日子流水般逝去。我勤奋地奔跑在这座城市里。一到黄昏，我总是急切地盼着回家，守着我的阳台，看一看书，等候那束阳光穿过铁网散落在我的胸前，等候那牵牛花积蓄着力量攀爬过来。

我相信它一定会牵到我的阳台上，因为在这冰凉的都市里，它的力量是所向无敌的！

心灵感悟

"不要和陌生人说话"，似乎是现代人的一条行为准则。它也许减少了一些上当受骗的可能性，但却在人与人之间垒起了一堵冷漠的高墙。正因为如此，文中小女孩的行为才更使人感动。她用一面小镜子和一团毛线，在她和"我"之间建立了一种联系。人与人之间的温情，顺着这根毛线静静地流淌，使生活由乏味变得美好。小女孩是天真的，牵牛花恐怕很难沿着这根毛线爬向没有阳光的对面阳台。但是，结果其实是无关紧要的，重要的是这一行为所具有的象征意义。作者抓住了这个不起眼的小事，不但写出了小女孩的天真纯洁，而且领悟到了这一事件所包蕴的内涵，这就使文章在对平淡的生活琐事的描写中闪现出了光彩。

认同的力量

许多年前，一个十岁的男孩在拿坡里的一家工厂做工。他一直想当一个歌星，但是，他的第一位老师却说："你不能唱歌，五音不全，你唱的歌简直就像是风在吹百叶窗一样。"回到家里后，他很伤心，并向他的母亲——一位贫穷的农妇哭诉这一切。母亲用手搂着他，轻轻地说："孩子，其实你很有音乐才能，听一听吧，你今天的歌声比起昨天的乐感要好多了，妈妈相信你会成为一个出色的歌唱家的……"听了这些话，男孩的心情好多了。后来，这个孩子成了那个时代著名的歌剧演唱家。他的名字叫恩瑞哥·卡罗素。当他回忆自己的成功之路时这样说："是母亲那句肯定的话，让我有了今天的成绩。"

19世纪初，伦敦有位年轻人想当一名作家。然而他有四年的时间没有上学，父亲犯罪入狱后，他好不容易找到一份工作并以此谋生。

晚上，在一间阴森静谧的房子里，他和另外两个从伦敦贫民窟来的男孩睡在一起。他只能趁深夜时溜出去，悄悄地把自己写的稿子寄出去，以免遭人笑话。就这样，一份份稿件寄了出去，可是又相继被退了回来。他很失望。有一次，他到外边借酒解愁，快到傍晚的时候，才拖着疲惫的身躯回来。

"恭喜你，我们的作家先生……"刚进门，一个同伴将一封信举得老高！那股兴奋劲儿似乎不能抑制，年轻人将信接过来说："对不起，我的朋友，这是一封退稿信。""不，我的作家先生。"一个同伴高声地喊道。年轻人这才注意起这封信。信封薄薄的，上面赫然写着编辑的名字。

原来，编辑第一次给他写回信了。信很短："你的文章是我们多年以来所梦寐以求的作品……年轻人，坚持下去，相信你一定会成功的。"多年后，这个年轻人成为一代文学巨匠，他就是查尔斯·狄更斯。

也许，卡罗素的母亲从来都没有想到过她的儿子能成为一代名人，也许她根本没有指望过靠她那三言两语去改变自己的儿子。然而，事实上，正是她那句善意的肯定成就了那个时代最伟大的歌唱家。也许那位编辑从来都没有想到过他的那封短信会起到多大的作用，也许他只是想鼓励一下这个文学爱好者，然而正是这封信改变了年轻人的一生，使一个文学巨匠诞生了。

心灵感悟

肯定和认同有一种无穷的力量。认同催人奋进，认同开阔失败者前进的空间，认同激励胜利者昂扬的斗志，它往往在给人以信心的同时也会催生一个人才，创造出一个奇迹。

肯定和认同有一种无穷的力量，它可以激发人体内的一种潜能。很多时候，一声斥责可能会毁灭一个人，而一句赞扬却可能会成就一个人。朋友们，不要吝啬你的认同，因为那是创造奇迹的开始。

灵魂深处的握手

因为自己是小城名医的缘故，慕名前来求医者甚多，为此我来送时时常出现握手之事，于是握纤纤手，握绵绵手，握茧手，握者无数，却握的坦坦荡荡，可是，手握的多了，却也读出一些手的语言。

那像哨音掠过窗棂的轻轻一握，那像小鸟依偎的绵绵一握，那像抽刀断水的重重一握，那像阅读故事的长长一握，无不寓含着语言，有的在述说着自己的性格，有的在传递着自己的心事，有的在提醒他的芥蒂。

在我灵魂的深处，就有那么几次记忆鲜活的握手：

第一次握手：记得22岁那年，我陷在一段欲爱不行、欲罢不能的感情纠葛里，苦苦地挣扎了许多日子后，终于下决心了断了这段情缘，我决心远离，从此天涯各一方，不再相见，告别时，我伸出手，他紧紧地握住，没说一个字，我却读懂了他手上的全部语言。距那次握手几年后，我们在一个无法回避的场合邂逅，我们同时迟疑地伸出手，一句"你好吗？"心已泪雨纷飞。

难忘的第二次握手：一个危重的病人，被我很认真地从死亡线上救回后，他双手握住我的手，热泪盈眶却一个字也说不出来。

难忘的第三次握手：那是1996年阴历11月26日，因为家中的药源需要补充了，一个有点唯心的我，备觉那天不是好日子，所以那天就不想去省城购货，可是，我先生不信邪，所以很生气，为了不让先生生气，所以我就带着不悦坐上了公交车，然而，就行在半路上，车就翻了，因为翻车，大家都不同程度的受伤，但是唯心的我虽然和大家在一起，却没有任何伤害，大家的心灵却得到了极大的震撼，因为就在大家握别的刹那，只有二个字"保重！"我只有在那时，才领略到"保重"的含义及生命的意义。

难忘的第四次握手：是因为疲劳过度积劳成疾，使我不得不躺在我不喜欢的病床上，被病痛折磨得像一只受伤的猫蜷缩在病床上，我渴望抓点什么，似乎只有那样才可以减轻痛苦，就在我的手在床边摸索时，一只温热的小手握住了我的手，这是我儿子的手，我感觉到了一种依靠，一种抚慰，充满惶惑的心，像飘荡的小船被牢牢的系在了岸边，病痛已不像开始那样的难以忍受了，因为被儿子小手握着的感觉，至今让我生命坚强着，让我的感情也鲜活着。

最后一次难忘的握手：是去年腊月二十三，母亲临终前与我握手的情景，当时母亲带着病痛握住我的手说："娟子，人活这一生不容易！"我含着泪水，握住母亲的手一直到她老人家临命终时。

我在握手里能翻检出这几页难忘的记忆，其实很不易，因为礼节性的握手,更多的则是缺少内容,是不需要也不值得珍藏的。

其实值得珍藏的是:心与心的相握。

心灵感悟

握手的意义有很多重,在日常间,两只手的相握,看似平常,往往意味着人与人之间开始摒弃隔绝、孤立、防卫而走向真诚与合作。在特殊的时刻,握手往往表示着许多常人言语无法表达的深意。握手,是一种支持;握手,是一种信任;握手,是一种爱的传递。

无论怎样,我们都会珍惜那每一次美丽的邂逅。那每一场在寂寞中厚积薄发的冲动,那每一次令我们心跳的情节,不管时间多长,我们都会永远存盘,深藏在心底。

不曾遗忘

那夜,轮船晚点了。我坐在候船厅里,有些闷得慌。旁边一位文静的女孩,学生模样,沉默如谜,很是让人好奇。

"哎,请问你是哪个学校的?"

"河海,你呢?"

"南大。"

"哦,我们正好同路。"

上船之后,我帮她换船票,她替我打开水,仿佛早已熟识的朋友。那是寒假归来,彼此的包里都还有些从家里带来的菜肴,我们就一起分享。吃完了,又一起到船尾甲板。

夜晚的江面宽广而空旷,两岸黑丛丛郁森森的,无限幽深古远,恍若一片永恒。四周静悄悄的,一切的言语已是多余。我们有相近的年龄,有相似的经历,有许许多多共同的话题,可在这样的夜里,谁也没有打破这份沉默。

轮船抵达时,黎明匆匆从天外直透下来。同舱的一位男青年送我两个青苹果,我微笑着谢了他,并只取了一个。他很客气地对我说:"另一个是给你女朋友的。"

我的脸一下子就红了。

上岸后，我和她交换了地址。一到校，几乎同时向对方发出了热情的邀请信，但是，因为忙碌和拖拉，我们没有互相造访，只是心底一直存留着一份记挂与回味。

一年以后，漫不经心地走在大街上，远远看见打扮入时的她迎面走来，我的脚步禁不住稍稍止住，然后，擦肩而过。也许，她早已不记得我了。

又过了一年，我出去实习，碰到一个女孩，很像是她。我们每天步入同一栋大楼，乘同一架电梯，电梯内常常很多人，我们总是要穿过众多的人头很专心地看对方一眼，而表情却显得非常平静。我们没有讲过一句话，甚至，没有一个浅浅的微笑，完全是陌生人的样子。也许，本来就是陌生人嘛。

开实习总结告别会那天，我去得特别早。正巧，她也来了，电梯里只有我们两个人。想到此后恐怕再也没有见面的机会了，就鼓足勇气对她友好地笑一笑："你早。"

"你早，怎么不到我那边去玩呢，是因为有了女朋友吗？"

原来正是她！却并不曾将我遗忘。

许多时候，我们误以为对方已将自己遗忘，如果对方也这样想，就只能近在咫尺却两心遥遥。

而实际上，就算真的已经遗忘，我们主动地打声招呼，不见得太难堪，毕竟，记忆可以被唤醒。即使不能唤醒，大不了对方作惊讶状，这对我们又有多大损失呢？

在我们前行的生命之途所结识的每一个人，既可以成为朋友，也可以成为陌路。当你很愿意与对方交往时，就立刻给他（她）写封信或者打个电话吧。若是见了面，就毫不犹豫地打声招呼，不然，你或许会永远失去他们。

是的，一个点头，一次微笑，一声问候，就这样简单朴实，却可以让你我从封闭中走出来，去赢得更多的朋友。

心灵感悟

每个人的内心深处，总有一点点不自信的小自尊，我们不敢轻易开口主动问候，羞于主动发一个短信、主动打一个电话。一段有着美好开

始的友情往往就在这耽误中渐渐远去。

人心是微妙的，从陌路成为朋友，中间总有断续，如果你是诚心的，就拿出微笑的勇气吧。

温暖

那时候我很小，可已经敢独自去离家有20分钟路程的电影院看电影了。现在我经常拿这件事来教育已经六七岁了还依在我身边不肯离去的女儿。但这事的后一半我没告诉她：看电影出来，我迷路了。

那时已华灯初上。灯在黑夜里闪闪烁烁，晃得我头晕目眩。下班的人们正低着头匆匆来去。不知是恐惧还是羞涩，我不肯去问别人。我试着从一个又一个方向去寻找回家的路，终于失败了。我立在路边一棵孤零零的树下，抑制不住嘤嘤地哭了起来。

这时走过来一对夫妇，那穿着薄呢大衣的女人低头拉住我的手轻声问道："怎么了，小姑娘？"

我终于号啕起来，哭诉了我迷路的经过，并告诉他们我怎么也找不到自己家在哪。那女人和她丈夫相视而笑。随即轻轻摸了摸我的头说："没关系，咱们一起去找找，好吗？"她又俯身拉起了我的手，我在黑暗中感觉着她手的温暖。

原来我走来走去并没有走出家门多远，我转来转去只因被这陌生的夜迷惑。那对善良的夫妇将我轻轻一送，就送到了我母亲的身边。

我破涕为笑的时候，他们向我微笑一下。转身离去了。夜色笼罩了他们修挺笔直的身影，我手心还留着那女人的手温。爱幻想的我从此被幻想折磨着，当我所崇拜的老师在课堂上严厉而关切地注视我的时候，我想，会是她吗？当温和的女医生轻揉我疼痛难忍的身体的时候，我想，会是她吗？我羡慕地望着一对对和谐、美丽、善良的夫妇时，我想，会是他们吗？

几十个寒冬酷暑过去了，我已有了那一对夫妇的年龄，但他们留给我的那份温馨和温暖，仍久久地萦绕在我的心中。十几岁时的我常独自一个人去粮店买粮。我努力将一袋粮背到我那身单力薄的肩上。只差一把力了，我相信我能扛动它。可我却没有将它背上去。我咬着牙，较着劲，我试了一次又一次，我始终差那么一点儿，我无望地站在这一袋粮食前束手无策。

我又试了一次。我忽然顺利地一下子将粮袋背上了肩。我诧异地转过头去看的时候，发现一双苍老得虬筋毕露的手正托住我的粮袋，同样一双苍老却充满慈爱的眼睛在亲切地注视着我。给了我这一把力气的竟是一个已经没有多少力气的老人。那力气化做一股暖暖流泪泪地流进我的心里。

我生病在床上的时候，心绪异常地烦躁，嘴唇干裂出一层层白皮。这时我听见"啪"的一声脆响，什么东西摔碎了。我恼怒地大喊起来："妍妍，你又在淘什么？你能不能让人安静一下，你真太不懂事了。"我的愤怒如暴风骤雨般倾泻出来。屋内静了半晌，才见女儿怯怯地走到我身边嗫嚅着说："妈妈，我看你嘴太干了，我想给你倒点热水喝，我不是故意弄碎杯子的，你别生气好吗？"被愤怒和烦躁刺激得浑身无力的我，突然一下子把女儿那溢满莹莹泪水无所适从的眼睛紧紧地吻住了。我吮吸着女儿的泪，暖暖的，有点咸。

人的一生可能会遭遇到许多次惊心动魄的暴风骤雨，但留在你记忆深处的却可能是另一种温煦的风、柔柔的雨；人的一生可能见到过许多勃放的鲜花、藏蕤的树木，但最让你感动的却可能是一次小草努力的抽芽；人的一生可能经历过许多喜怒哀乐，但最能拨动你心弦的却可能是那一次次温暖轻柔的抚摸。它就像那徘徊你周围的微风、润物细无声的小雨、柔弱却显示着顽强生命力的青苗，让你体味着另一种人生的存在。

这温暖的感觉浸润我的心许久了，我常被它逼得扪心自问：你曾向迷路者伸出你的友谊之手吗？你给了对你也许并不重要，但却是别人所急需的一把力了吗？你能谅解和宽容那些无意中伤害了你的人吗？人磕磕绊绊走过自己的一生并不容易，只要感觉到那一丝丝温暖存在，走起来就会轻松多了。能够给人以这种温暖，我想快乐一定会更大些。

心灵感悟

人与人之间存在着许多温暖的瞬间，也许是一次举手之劳，也许是一句温暖的话语，也许是一次舍己为人的救助，这些美好的瞬间让人们心中充满美好，世界也因此变得更加美好。

爸爸，你快回来吧

一天，正走在路上，手机响了，话筒里是个稚嫩的小女孩的声音："爸爸，你快回来吧，我好想你啊！"凭直觉，我知道又是个打错的电话，因为我没有女儿，也没有儿子。这年头发生此类事情也实在是不足为奇。我没好气的说了声："打错了！"便挂断了电话。

接下来几天里，这个电话竟时不时地打过来，搅得我心烦，有时态度粗暴的回绝，有时干脆不接。

那天，这个电话又一次次打来，与往常不同的是，在我始终未接的情况下，那边一直在坚持不懈的拨打着。我终于耐住性子开始接听，还是那个女孩有气无力的声音："爸爸，你快回来吧，我好想你啊！妈妈说这个电话没打错，是你的手机号码，爸爸我好疼啊！妈妈说你工作忙，天天都是她一个人在照顾我，都累坏了，爸爸我知道你很辛苦，如果来不了，你就在电话里再亲妞妞一次好吗？"孩子天真的要求不容我拒绝，我对着话筒响响地吻了几下，就听到孩子那边断断续续的声音："谢谢……爸爸，我好……高兴，好……幸福……"

就在我逐渐对这个打错的电话发生兴趣时，接电话的不是女孩而是一个低沉的女声："对不起，先生，这段日子一定给您添了不少麻烦，实在对不起！我本想处理完事情就给您打电话道歉的。这孩子的命很苦，生下来就得了骨癌，她爸爸不久前又……被一场车祸夺去了生命，我实在不敢把这个消息告诉她，每天的化疗，时时的疼痛，已经把孩子折磨得够可怜的了。当疼痛最让她难以忍受的时候，她嘴里总是呼喊着以前经常鼓励她要坚强的爸爸，我实在不忍心看孩子这样，那天就随便编了个手机号码……"

"那孩子现在怎么样了？"我迫不及待地追问。

"妞妞已经走了，您当时一定是在电话里吻了她，因为她是微笑着走的，临走时小手里还紧紧攥着那个能听到'爸爸'声音的手机……"

不知什么时候，我的眼前已模糊一片……

心灵感悟

我们踏入这个茫茫的人世间后，就被灌输了世故，学会了冷漠，除了人们的明争暗斗、尔虞我诈……是不是也少了些感动！为什么不能真诚一些、善良一点？也许在不远处，有一个需要你帮助的人，需要你拯救的心。

那束紫丁香

我和海在黄昏散步的习惯开始于去年秋天。

那时爱情刚刚开始，黄昏的话题总荡漾着朦胧快乐的气息。

有时我背诗给他听，有时他编故事逗我笑，有时彼此静静地体会黄昏特有的灿烂。虽然因为初恋的羞涩，只是松松地被他牵着手，但两人的表情在他人看来一定很亲密。

一条长长的小街，总喜欢走上来回几遍方能尽兴。每当街灯忽地一下全亮起来的时候，我们总会像天真的孩子一样拍手欢呼。

街上散步的人不多，也不是固定的。有时遇到提着鸟笼的长者，有时是三三两两的学生。

起初遇到那对老夫妻时，我们并不在意。后来几乎天天在街上遇见，彼此就开始注意对方了。老夫妇头发已花白，看上去有六十岁光景了。散步的时候，他们总是走得很缓、很轻。黄昏的微光洒在他们身上，柔和静寂。人生的风风雨雨仿佛都已成过去，留在今天的只是单纯的相依相恋。

我们从未和这两位老人交谈过。每次遇见，只是微笑着点点头表示问候。在我们的身上，他们捕捉着他们年轻时的影子。在他们身上我们遥想着我们的未来。

"如果我们老了，也会像那对老夫妻一样恩爱吗？"

我总会这样问，不厌其烦地问。

"会比他们更恩爱。"

他总是很有信心的地回答我。

黄昏美丽的情因而总是抒也抒不完。

第五篇 ◆ 灵魂深处的握手

冬天到来的时候，我们的散步次数相对减少了。但每次散步还总能碰到那对老夫妇。他们穿者厚厚的衣服，缓缓地走在街灯下面，依旧沉静平和，没有太多的话语。

看到这对老夫妇，我们的手就会不由自主得紧紧握在一起，仿佛这样一握，就觉得这个冬天不再寒冷了。

等到我的手被他拉着揣进他的口袋时，就已是深冬了。

街上散步的人寥寥无几。

自此我们再也没有看到过那对老夫妇。

天冷了，老夫妇留在家里是对的。

我们虽然这样想着，但还是希望碰到他们。

再次看到那位老人，已是紫丁香盛开的春天了。

听人说，如果能得到五瓣丁香，就能得到永久的幸福。

我们很迷信这个诱人的传说。因此，丁香一开，我们就相约去寻找五瓣丁香了。

从下午到黄昏，从一棵树到另一棵树。

我们眼里，除了紫丁香还是紫丁香，仿佛全是五瓣的。

当我们终于找到一朵五瓣丁香时，我们竟有点不相信自己了。

我们捧着五瓣丁香，如同捧着我们所有未来的幸福。

刹那间，整个世界仿佛都是鲜花怒放芬芳扑鼻。

"我们找到了五瓣丁香了，我们有幸福了！"

就在我们欢呼雀跃的时候我，我们猛然间看到了不远处丁香丛中的那位老人。

他正微笑地看着我们。

再次相遇使我们像老朋友一样感到亲切。

我们走过去寻找老妇的身影。

"她去年冬天就生病住院了。她一生中最喜欢的花就是丁香花了。我想找一朵五瓣丁香给她，但一直没找到。"

我们被老人深情的话感动了，把丁香恭敬地放入老人的手中。

"不，这是你们的幸福，我不能拿。"

老人很为难地推辞。

"我们已经有幸福了。您就收下吧，这样您老伴的病会早一点好的。您收下我们会更幸福的。"

"谢谢了,年轻人!"

老人捧着紫丁香深深地鞠了一躬。

我们赶忙扶住老人,看见他眼里闪着泪花……

老人捧着代表吉祥的五瓣丁香去看老伴了。望着老人渐远的背影,我想起那束紫丁香,还扎着海送给我的蓝丝带。

心灵感悟

<u>不管是"少年夫妻"还是"老来伴",只要心中有爱,就会变成别人眼中的风景。这片风景会感染着周围的人,也会有周围的人来感染你。浓浓的爱意就这样在心中有爱的人之间传递。</u>

误会

1月18日是父亲去世百天的祭日,前一天下午,我和妻子从济南坐上N461次列车,回老家给父亲上坟。天空飘着雪花,有些清冷。

对座是一对情侣,他们从首发站青岛上车,5个小时颠簸过来也没倦意,一路上嘻嘻哈哈,吵得我心烦意乱。

车到泰山站,妻子一把把我推醒。顺着她撇嘴的方向,我看到那对情侣身后站着一个男人。满脸的胡茬,看上去像个回家过年的民工。他眼睛直钩钩地盯着女的胸前,那里挂着一个红色的时尚手机。这会儿,女的斜靠在男友肩上,正做美梦呢!

快过年了,小偷也忙活开了。我伸了个懒腰,装作若无其事地用脚碰了碰女的。

她一激灵,立刻发现身边那双眼睛。"讨厌!"她骂道,把手机往衣服里边掖了掖,趴在男友腿上继续做梦。

火车继续前进,窗外雪花飞扬。妻子告诉我,在我睡着的时候,车因故停了一个半小时,加上到济南前就晚点,到站估计要晚点两小时。该死的天气,该死的火车!我在心里骂,又迷迷糊糊地睡去。

"你想干什么?"车厢里有人大喝了一声。循声看去,见一位男乘客站着,在他的喝问下,一个男人抓耳挠腮。又是他!车从兖州站开出不久,那个男人竟向我走过来。"我可以……可以用用你的手机吗？"他说。他找借口报复我刚才的"多事"了，妻子紧张得抓紧了我的胳膊。

"不行！"我一口拒绝。我想，是祸，躲也躲不了。

没想到的是，男人的脸腾地一下红到耳根，嘴唇翕动着，一副欲言又止的样子。看我怒目而视，他默默地回到座位上，跟他的伙伴们窃窃私语。他们在商量对付我的办法？我心头一紧。

不能这么坐以待毙，我起身离开座位，去找乘警报警。

5个乘警把几个民工围住。那个男人被乘警一把从座位上提起来。他吓哭了。他说："没想到借手机打电话也犯法。"

原来，他只是一个民工。从正月初六出来打工，近一年没有回家了。今天上午他跟老乡们一起从青岛上车，正常应该是晚上6点就到枣庄西站。车站离他的家还有30多里路，那个点儿已经没有公交车。妻子要骑自行车赶过来接他。车晚点2小时，这是他始料未及的。妻子4点多就出门，要在冰天雪地里等4个小时。他想借个电话，打到邻居家，再转告妻子一声，妻子就能少挨两小时的冻了。

说完，泪水滑下了男人粗糙的脸。

心灵感悟

一场误会，引出一句朴诚的话，一句朴诚的话，让所有人为之动容。

我们随时保持防人之心不可有的警惕，却忽略了在那些褴褛的衣装之下，藏着的那一颗颗自卑又朴诚的心。

奉献与得到同样快乐

我永远也忘不了1965年那炎热的夏天，妈妈突然死于一种医学上都无法解释的疾病，年仅36岁。当天下午，一位警官拜访了我父亲，征得爸爸同意，医院将要取出妈妈的主动脉膜及眼角膜。我几乎被眼前这一事实击昏了，医生要解剖妈妈，把妈妈身体的一部分移到别人身上！我这样想着，冲出屋子，眼泪夺眶而出。

那时我14岁，我还不能理解为什么有人可以把我深深爱戴的人割裂开来。但爸爸却对那位警官说："好吧。"

"你怎么能让他们那样对待去世的妈妈，"我冲着爸爸哭喊着，"妈妈完整地来到这个世界，也应该让她完整地离开这个世界。"

"琳达，"爸爸温和地对我说，用手臂环绕着我，"你能献给人类的最好礼物就是你自己身体的一部分。你妈妈和我很早以前就决定了，如果我们死后能对别人的生活产生好的影响，那么我们的死也就有意义了。"

那天，爸爸给我上的这堂课成了我一生中最重要的一部分。

数年过去了，我结了婚，拥有了自己的小家庭。1980年，爸爸患了严重的肺气肿，就搬过来和我们一同生活，在以后的6年里，我们花费了大量的时间探讨生与死的问题。

爸爸高兴地告诉我他去世后，不管怎样都要将身体的一部分捐献出去，特别是要捐献眼睛。"视觉是我能给予别人的最好的礼物，"爸爸说，"如果能帮助一个双目失明的孩子恢复视力，使他也能像温迪那样画马，那对这个孩子来说是多么幸福和激动啊。"

温迪是我的女儿，一直都在画马，还曾多次获得绘画奖。

"想象一下，如果盲童像温迪一样能够绘画，那么做父母的该多么自豪啊，"爸爸说，"如果我的眼睛能使盲人实现绘画的愿望，那么你也会感到骄傲的。"

我把爸爸的话告诉了温迪，温迪的眼泪夺眶而出，她紧紧地拥抱着外祖父。她当时不过14岁——与我被告知要捐献母亲器官时的年龄相同，可是我们两人又是多么不相同啊！

爸爸于1986年4月11日去世了，我们按照他生前的愿望捐献了他的眼睛。三天后，温迪对我说："妈妈，我为你替外祖父做的这件事感到骄傲。"

"这怎么能使你骄傲呢？"我问。

"您当然值得骄傲，您想过吧，什么也看不见该是多么的痛苦，我死的时候也要像外公那样把眼睛捐献出去。"

直到这时我才体会到，爸爸付出的不只是眼睛，他捐献了更多的东西，那就是闪现在温迪眼睛里的骄傲。

当我怀抱着温迪时，我几乎不知道究竟发生了什么事，我在捐献说明书上签名才不过两个星期。

我的美丽、聪明的温迪在路上骑马时，被一辆卡车撞成重伤。当我看着捐献书时，温迪的话一遍又一遍地在脑子里闪现："您想过吗，什么也看不见该是多么的痛苦。"

温迪去世后三个星期，我们接到一封来自俄勒冈州狮城眼库的信，信中写道：

亲爱的里弗斯先生、里弗斯夫人：

我们想让你们知道，眼角膜移植手术获得了成功，现在两个双目失明的盲人又重见天日了，他们视觉的恢复象征着对你们女儿的最好纪念——一个热爱生命的人分享了她的美丽。

不管走到哪个州，我似乎都会看到，一个接受捐献的人对马有了新的爱好，并能够坐下来画马。我想我知道那个捐献的人是谁，那一定是金发碧眼、一生都在绘画的可爱的姑娘。

心灵感悟

我们每个人都应该有一种乐于奉献的精神，你爱人人，人人爱你，爱是付出，同样是回报，又是一种传递，向别人付出真诚的爱，在真心付出的过程中感受履行责任的快乐。其实，奉献比索取伟大，同样也比索取更快乐。

陌生人的牵挂

翠湖不大，围着转一圈也不过半个小时。我平日深居简出，更不喜欢运动。可是常识告诉我，这种年纪，这种职业，一点不动是不行的。于是晚饭后围着翠湖走一圈，便成了我每天唯一的运动了。

早晚在翠湖边跑步或散步的人不少，男女老少都有。但似乎都是断断续续的，时见时隐，没留下什么印象。

唯有一人，几乎每回都碰到。那是和我一样的中年人，一样过时的灰涤卡中山服，一样一副书生模样。论衣着，没什么特色；论气质，你能一眼看出那宽阔的前额和明亮的眼睛所包容的智慧。开始我不怎么注意他。有一天，出门时天空阴沉沉的，妻子担心下雨，叫我带把伞，一路都没用上，就这么拿着。这时迎面走来一个人，看样子也是散步，也那么拿着一把伞，备而不用。我们擦肩走过，双方都注意到了对方手里的伞，不禁相视一笑。

第二次，碰巧一个小孩横穿马路，一辆摩托飞驶而来，孩子的母亲一声惊叫。我冲了过去，却有人抢先抱起那孩子。我一看，又是他，于是又以微笑招呼，算是互相认识了。

那以后，我散步时总会碰见他。时间大多在电视新闻联播之后。我们像约好了似的，都等看完新闻才出来。

奇怪的是，我习惯顺时针方向绕翠湖，他则逆时针方向。所以每次都是迎面相遇，每次我们都微笑，并且老熟人似的点点头。时间久了，偶然碰不上他，我还会暗暗纳闷儿："他呢？"

最后一次碰见他是一年前的事了。那天傍晚，几乎又是在同一地点，他远远走来，仍旧踽踽独行，却低着头，像在思索什么。看来没见到我。突然，他意外地站住了，拿着一个小计算器按着，又掏出一个小本本迅速记着什么。我走到他身边，一看那本子，写满了天书般的数学公式。他写完合上本子，一抬头见是我，又莞尔一笑。我发现，他那天的笑容里有一种新鲜的东西，也就延误了几秒钟。之后我们各自东西，还是没说一句话。

凭一种职业敏感，我大体能判定这是位家在附近的科研人员，没准就是坐落在翠湖边上的云南大学的一位理工科老师。他，也许和我一样，正在思索着自己的难题，捕捉灵感。我想，我们之间不仅可以相互微笑，也是可以交谈的。为什么只点点头呢？

我决定第二天散步时要主动开口讲话了。然而他没有来。第三天，第四天，一直到现在，我再没有见到这个不断和我微笑点头的陌生人。

出差了？搬家了？调动了？总之，他走了。该不是到另一个世界里去了吧？我突然想到，很多中年知识分子由于生命机器超负荷运转，又得不到适当的检修和保养而猝然死亡，心里咯噔了一下，莫名地往下沉、沉……

这种担心是毫无来由的。没准人家另谋高就了呢。我又暗笑自己未免多事。但还是有一种隐隐的遗憾：我本该和他交谈的，本该了解了解他的。每个人都是一部小说，他一定能给我打开一本迷人的书。谁又能否定，正是和他的交往，会成为人生旅途上的某种契机呢？

然而我们什么也没有说。

现在，每当散步途经我们碰面的地方，我便下意识地停住脚步。湖面上开着小黄花的浮萍，一朵朵顺水漂来，相互轻轻碰一下便又顺水漂过。我想起了"萍水相逢"这句话。又道"相逢何必曾相识"。人们倒也不必

多管闲事

正是这种处世哲学，常使人们画地为牢。难怪有的诗人痛苦地喊道："人啊，请理解我吧！"老山的英雄战士也高呼："理解万岁！"我想，我之所以始终未能和那个人说上一句话，显然也是自觉或不自觉地受了古老中国几千年来这种传统观念的束缚，没准就因此失去很多机会和很多东西。如果抱着理解的愿望和他交谈，起码我能从他那里获得知识，也可能为他做点什么。我们说不定就此成为很要好的朋友。可惜就这样一次又一次地失之交臂，来不及道一声"您好！"

是夜随手翻阅《草叶集》。惠特曼早已为我们发出了这样的心声：

"陌生人哟，假使你偶然走过我身边并愿意和我说话，你为什么不和我说话呢？我又为什么不和你说话呢？"

是啊，人为什么要戴上面具呢？生活中各式各样的面具本来就够多了。我决定，从明天开始散步或在别的任何场合，只要有人表现出对我的兴趣，我将微笑、点头，并向他伸出我的手，问一声"您好"然后进行真诚的谈话。

哪怕是妙龄女郎，我也有这个勇气。

心灵感悟

陌生人的问候未必饱含算计之心，也许那是发自内心的一种关怀，何必一定要矜持地不肯先开口，为什么一定要把陌生人想象得那么可怕？主动地展示你的微笑吧，千万别再有"陌生人哟，假使你偶然走过我身边并愿意和我说话，你为什么不和我说话呢？我又为什么不和你说话呢"的遗憾。